极简数学

MATHS IN BITE-SIZED CHUNKS

[英] 克里斯·韦林 / 著
康建召 / 译

极简通识系列

中信出版集团 | 北京

图书在版编目（CIP）数据

极简数学 /（英）克里斯·韦林著；康建召译. --
北京：中信出版社，2019.4（2021.6 重印）
书名原文：Maths in Bite-sized Chunks
ISBN 978-7-5217-0047-3

I. ①极… II. ①克… ②康… III. ①数学－普及读
物 IV. ①O1–49

中国版本图书馆 CIP 数据核字（2019）第 024292 号

极简数学

著　　者：[英] 克里斯·韦林
译　　者：康建召
出版发行：中信出版集团股份有限公司
（北京市朝阳区惠新东街甲 4 号富盛大厦 2 座　邮编　100029）
承 印 者：北京通州皇家印刷厂

开　　本：787mm × 1092mm　1/32　　印　　张：7.5　　字　　数：76 千字
版　　次：2019 年 4 月第 1 版　　印　　次：2021 年 6 月第 3 次印刷
京权图字：01–2018–6804
书　　号：ISBN 978-7-5217-0047-3
定　　价：45.00 元

目　录

序言

在本书的开始，我本可以讲讲数学的应用多么广泛，以及感叹一下数学的重要性。事实的确如此，但我想读者已经听够这些了，而且你之所以想读这本书，也不是出于这个原因。

在职场中具备良好的计算能力并精通数学的人往往更容易抢占先机，毕竟科技在我们的生活中正发挥着越来越重要的主导作用。具有数学思维的人的职业生涯更容易成功，但老实说，本书也不会帮你找到一份工作。

我要告诉读者的是，数学这项技能是可以学习的。很多人都患有数学焦虑症，这就像是一种疾病，病源来自那些已被“感染”的人。父母、朋友，甚至老师都可能是载体，这让我们觉得数学是专门为某些人准备的。他们学习数学时不费吹灰之力，常常让其他人看起来很笨拙。

事实并不是这样。

只要想学，任何人都可以学会数学。这是真的，与所有技能一样，数学也需要付出时间和精力。的确，有些人比别人学得快，但你学习其他事情时也是这样。我知道大家的时间都很宝贵，所以本书会把数学烹调成一些容易消化的零食。你可以利用碎片的时间学习，每栋大楼都是在前一栋基础上搭建的，这样你用不着费多大劲儿，就可以明白那些可以用来解释我们周围世界的概念。

本书可以分成几个部分。想必你已在学校里学过很多基本知识点，对于这些内容我会一笔带过，以便让读者品尝到味道醇厚的“数学佳肴”。你可以从头到尾读完本书，或者在心情愉悦的时候进来随便看看——既可以一次享用6道菜，也可以当作自助餐品尝！

我还收录了很多趣闻逸事，比如经典的数学规律是如何被发现的，由谁发现的，以及走过哪些弯路。除了兼具娱乐性和趣味性之外，本书还告诉我们，数学探索的历史丰富而生动，体现了我们的祖先对待生活的态度。本书也将告诉我们，即使是著名的天才数学家也必须努力工作，才能获得成功，他们也没什么与众不同。

准备享用数学的盛宴吧，希望你已经迫不及待了。

第一部分
分　数

第 1 章　数的分类

有64%的人都曾接触过“超级计算机”。

据预测，2017年全球移动电话拥有者将达48亿人，而世界总人口约为75亿。日裔美籍物理学家加来道雄（Michio Kaku，生于1947年）说过：“1969年，美国国家航空航天局（NASA）将两名宇航员送入太空时，其使用的仪器的计算能力还不如如今的手机。”

轻轻滑动一下手机，你就可以随心所欲地计算，所以为什么还要费力地学习自己计算呢?

因为通过计算，你可以了解数字是怎样运算的。研究数字运算的学科习惯上被称为算术，但如今人们用这个词来表示计算。而那些专门研究数字特性的人则被称为数字理论家。他们致力于探索宇宙的数学根基及数字的无穷本质。

真是高深莫测。

下面让我们先去动物园逛一逛。

人类与数字的接触是从数数开始的，从1一直向上数（都是整数），这些数字被称为自然数。把这些数字放进数学动物园里，并把每一个数字都圈到围栏中，我们就得到了：

$$1, 2, 3, 4, 5, 6\cdots$$

古希腊人认为0不是自然数，因为有0个苹果根本说不通。但是，我们仍把0归为自然数，是因为从负整数过渡到自然数，0起到了桥梁的作用。这样，我们的动物园队伍又壮大了不少：

$$\cdots-6, -5, -4, -3, -2, -1, 0, 1, 2, 3, 4, 5, 6\cdots$$

如今，这个数学动物园包含了所有负整数，当它们与自然数结合时，就构成了“整数”。每一个正整数搭配一个负整数，动物园里的围栏比原来多了一倍，而0的待遇不错，它单独待在一个小屋中。可是，我的数学动物园不需要扩大地盘，因为它本来就无限大。这只是一个用来解释我在前面所说的“高深莫测”的例子。

还有一些数字不是整数。希腊人钟情于“成堆”的苹果，但我们知道“一个”苹果也可以分给很多个人。每个人都可以得到苹果的一部分，在我的动物园里就有“分数”的例子。

如果我想列出0和1之间的所有分数，那么可以从二分法开始，接下来会有三分法、四分法等，这样似乎说得通。但这种数学方法应保证把所有分数一网打尽，不能有漏网之鱼。接下来要做的就是让所有自然数都做一遍分数的分母（分式小横线下面的数字）；对于每一个分母，都可以从自然数中指定一个数当作它的分子（分式小横线上面的数字）——从1开始，直到与分母相同。

分数

分数表示的是整数之间的数字。书写时由一个小横线作为分界线，线上的数字是分子，线下的数字是分母。比如，二分之一可以写成下面的形式：

$$\frac{1}{2}$$

上式中，1是分子，2是分母。它表示把数字1分为两份。这个分数的意思是，如果你把一样东西分享给两个人，你将得到二分之一。而$\frac{3}{4}$表示四个人分享三样东西，每个人可以得到四分之三。

我曾经试图把0和1之间的所有分数都列出来，然后用它们来推导出相邻两个自然数之间的所有分数。如果我把0和1之间的所有分数加上1，就会得到1和2之间的所有分数，把它们再加上1，就可以得到3和4之间的所有分数。所有相邻自然数之间的分数都可以这样得到，同样，我也可以得到任意相邻负整数之间的分数。

我的数学动物园里本就有无穷个整数，眼下我还需要给它们之间的分数建围栏，而分数也是无穷的。也就是说，我需要无穷倍的无穷空间。听起来像是大工程，但幸运的是我的围栏也足够多。

由于分数也可以写成比值的形式，所以它们也被称为有理数。现在，我已经拥有了全部有理数，其中包含整数（整数可以写成分母为1的分数），整数里又包含自然数。数学动物园里的所有动物都到齐了。

请稍等。2 500年前，一些印度数学家说，有些数字是无法写成分数的。当他们说“有些”时，实际上是指无穷多个。他们发现，找不到平方（乘以自身）后得到2的数，所以2的平方根不是有理数。这个数包含无穷多个数字，写起来很麻烦，所以在这里我们使用平方根的符号，将其写成$\pm\sqrt{2}$。

此外，还有一些重要的数字，它们不是有理数，而是用符号来表示的，如果硬要把它们写成数字，有点儿不妥，例如π、e和φ。这些数我们将在后面讨论，它们叫作无理数。当然，我也要把它们放到动物园里去。猜猜连续的有理数之间有多少个无理数？没错，无穷多个！然而，我仍然可以让它们挤进我那个无穷大的动物园里，而无须再建造多余的围栏，但也许康托尔（Cantor）有话要说。

平方与平方根

当一个数与自身相乘时，我们就把这个过程叫平方。我们用一个叫作幂或指数的小“2”来表示：

$$3 \times 3 = 3^2$$

3的平方是9，也就是说3是9的平方根。求平方根与平方互为逆运算。4是16的平方根，因为4的平方是16：

$$\sqrt{16} = 4$$

像数字9和16被称为完全平方数，因为它们的平方根是整数。任何数字，包括分数和小数，都可以计算它的平方。任何正数都有平方根。

有关这方面的更多信息，请参阅第9章内容。

把无理数和有理数加在一起，就是数学家所说的实数。如果你熟悉了之前的数字划分法，你也许会怀疑是不是还有非实数的存在，确实有。然而，在这里，我不会再深入下去了，而是把动物园命名为“无穷实数动物园”。大多数动物园会按种类将动物分类，所以我把动物也按数字类型分组，但这些组有些是互相重叠的。数字分类大致按下图所示，我已经把一些有代表性的数字列了出来，它们能帮助读者更好地理解数的概念：

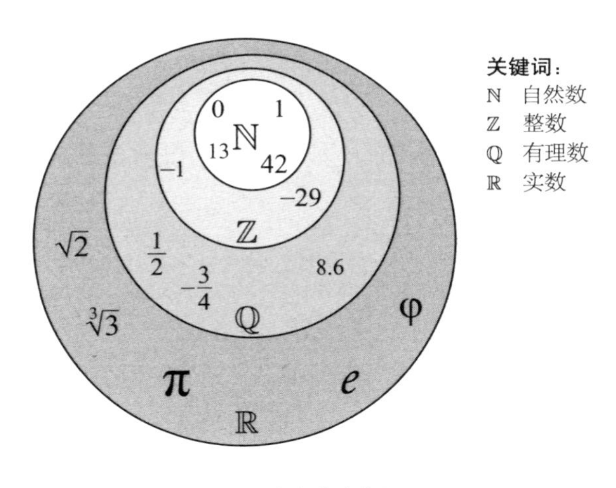

无穷实数动物园

我必须要承认，我的动物园的建立要感谢德国数学家戴维·希尔伯特（David Hilbert，1862—1943）。他对数学做出了巨大的贡献，但他更有名的是在这一领域的引领作用。1900年，希尔伯特为国际数学家大会列出了23个尚未解决的问题（现在称为希尔伯特问题），其中3个至今仍未解决。有一个叫作“希尔伯特旅馆”的思维实验，上文中提到的动物园也来源于此，这个思维实验是关于希尔伯特对一家旅馆的思考。该旅馆有无穷个客房，希尔伯特说，如果我们让所有初次入住的客人搬入新房间，新房间号码是现在房间号码的两倍，那么我们仍然可以再容纳无穷多的新客人。原来的客人都住在偶数房间里，腾出来的奇数房间（无穷多个）用来迎接新来的客人。

第2章　康托尔计数法

伽利略·伽利雷（Galileo Galilei，1564—1642）因为宣扬“异端邪说”（他认为地球绕着太阳转）而在意大利遭到监禁，在此期间，他提出了一个叫作伽利略悖论的精彩谜题。

伽利略说，虽然一些自然数是完全平方数，但大多数都不是，所以非完全平方数一定比完全平方数多。然而，每个自然数都可以计算平方，从而产生一个完全平方数，所以这些平方数的数量与自然数的数量相同。于是，一个悖论产生了，这两个逻辑命题不可能都是真的。

正如我所说，数字理论家们研究的是无穷大的性质及其独特的算法。德国数学家格奥尔格·康托尔（Georg

Cantor，1845—1918）发明了集合论。他通过计算发现，无穷大实际上可以分为不同的类型。他研究的是集合的基数，即集合中有多少个元素。例如，如果把集合A定义为太阳系的行星，那么集合A的基数就是8。（关于冥王星已不再是行星的更多信息，请见第17章末尾。）

康托尔也关注了无穷集合。虽然自然数是无穷的，但康托尔认为它们是可以计数的无穷集合，因为从1往上数时，我们正在向无穷进发，虽然我们永远也不会到达无穷大，但可以接近它。康托尔把自然数的基数称为阿列夫零或$\aleph_0$（阿列夫是希伯来字母表中的第一个字母）。对于其他可以发展为无穷的集合，我们也可以认为它的基数为$\aleph_0$。所以，如果把负整数和自然数都考虑进来，我仍然可以通过对它们计数而将其发展为无穷，所以整数集的基数也是$\aleph_0$。

如果一个集合包含从0到1的所有有理数，我可以从0开始尝试找出这中间的所有分数。分母可能使用的数就是自然数，分子也是自然数的一部分，所以从0到1的有理数的基数也是$\aleph_0$。由此可以得出结论：所有的有理数集合的基数都为$\aleph_0$。

下面我们回到伽利略的悖论。我们可以看到，自然数集合和完全平方数集合的基数都是$\aleph_0$，所以实际上这两个集合的大小相等，所以这个悖论也就不存在了。谢谢你，康托尔！

从本质上说，基数为$\aleph_0$的集合可以按照一定的规律排列出来，即使该数列是无限的。康托尔也研究过无理数，但无理数的集合是无法系统地排列出来的。他提出的对角线方法证明，如果把所有无理数都写成小数，你总能基于原来的数得到一个新的无理数。

把这些数添加到集合中，就可以在新集合中创建新的无理数。于是就形成了一个循环，而这个循环意味着，人们永远无法系统地列出所有无理数，因为总是有被遗漏的数字。康托尔说，像这样的集合是无穷的无穷，它们的基数是$\aleph_1$。

康托尔和许多后来的数学家投入了很多时间来研究$\aleph_0$和$\aleph_1$之间的关系。康托尔提出了连续统假设，该假设认为不存在基数在$\aleph_0$和$\aleph_1$之间的集合——在可数集合和不可数集合之间不存在任何集合。后来的结果证明，连续统假设无法用集合论来证明或证否。

但已得到证明的是，康托尔使用了一个原来只被哲学家和神学家关注的概念（无穷大），并由此开启了一种新的思维方式，为数学的发展夯实了根基。然而，他的观点引发了分歧和争论，康托尔也处于极度的痛苦之中，并抑郁了一段时间，他的后半生也苦恼不堪。希望康托尔能意识到连续统假设如同希尔伯特问题一样，都是一项伟大的成就。当然，即使是无穷大也是有所差异的，这样的想法非常大胆，令人敬畏。

第 3 章　算术方法

我将在本章讨论基本的计算法则。我从来没有见过一个不会数数的成年人。我们在上学前，数学是学习的第一步。许多小孩甚至在不理解数字是什么时，就能够从1背到10。

有人认为数学就是在理解某些原理的基础上，应用这些原理来获得某种结果。理解和处理过程必不可少。然而，我们中的很多人往往对知识点一知半解（或者没有机会去理解），而忙于去计算。问题是，和其他技能一样，如果不重视理解的过程，结果就会变得更糟。而且，理解也会日渐削弱，只是方式不同。我之所以喜欢数学，是因为作为一个生活在北半球小岛上的普通人，我处在理解数学金字塔的顶端，它可以回溯到几千年前的历史、人和文化。有很多人的数学金字塔比我高得多，但我选择的职业是：帮助别人建立他们的金字塔。我从经验中得知，记住事实、算法和过程并不重要。如果你不以理解作为算术的基础，在某个时候，你的数学金字塔就可能会倒塌。

在讲解算术方法之前，我想简单地介绍一下"+"和"–"这两个符号的双重性质。这两个符号是在15世纪晚期由德国传入西方国家的。约翰内斯·威德曼（Johannes Widmann，约1460—1498）在1489年写了一本书——《各行业的整洁和敏捷计算》（*Neat and Nimble Calculation in All Trades*），最早记录了这两个符号的出现。从一开始，每个符号就有两个意义，有时会让人们难以区分。

这两个符号既可以是运算符号，即加或减，也可以表示正或负。它们既是运算指令符号，也是描述符号，有时当作动词，有时用作名词。+3可以表示"加3"或"正3"，那么该如何区分它们的含义呢？

学习数学时，一种常见的做法就是引入数轴的概念。数轴是一条假想的线，它可以帮助你进行心算，并理解"大于"和"小于"的概念。我经常会问我的学生，他们脑海中的数轴是水平的还是垂直的，数字是朝哪个方向延展

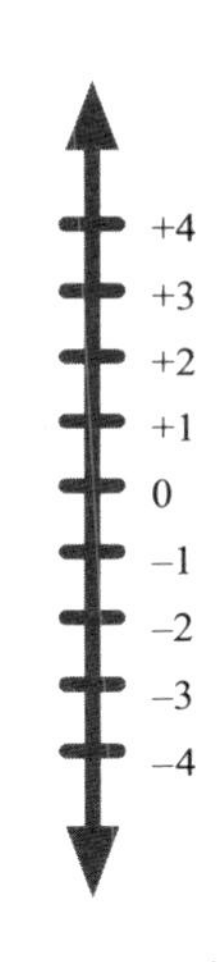

的。我敢肯定，这可能会引发一些非常有趣的研究。在这里我打个比方，把数轴比作垂直的温度计。

在这里，“+”和“–”起到了描述的作用，它们让我们知道一个数是正数还是负数。对于正数，一般不在前面标+号，但是这里写出+号是为了强调数轴中的正数部分。我们可以看到，0正好在中间，所以它既不是正数，也不是负数。

现在，假设你是数学热气球队队长。你有两种方法可以改变气球的高度：改变气球的热量和改变气球的压载物数量。热量可被看作正数，因为气球会随着热量的增加向上飞去。我们有两种方法改变气球的热量：添加更多的热源，或在气球顶上开通风口把热空气散出去。压载物可被当作负数，因为它会使气球下降。把压载物扔出去，或者让朋友用无人机运送来压载物，这两种方法都可以改变压载物的数量。下表用数学运算来表示这4个方法：

方法	效果	气球升降方向
添加热源	加　热量 +　+	↑
顶部开口	减　热量 −　+	↓
增加压载物	加　压载物 +　−	↓
减少压载物	减　压载物 −　−	↑

阿拉伯数字

现代数字的书写方法叫作阿拉伯数字体系，它融合了印度及阿拉伯两种文化的精髓，实现了数字形式的突破。印度天文学家阿耶波多（Aryabhata，475—550）是第一个使用位值体系的天文学家，大约在公元500年，他使用了十进制体系，其中每列数值是前一列的10倍。另一位印度天文学家婆罗门笈多（Brahmagupta，598—670）完善了这个体系，他使用了9个数字符号，并且用一个点来表示一个空列，这个点后来发展成了我们现在看到的0。

由于新数字体系的计算效率倍受好评，所以在世界范围内得以普及。9世纪，一位阿拉伯数学家穆罕默德·花拉子密（Muhammad al-Khwarizmi，约780—约850）写了一篇关于算法的论文，后来被翻译成拉丁语，这使得西方世界首次接触到了这些数字。

遗憾的是，该数字体系在欧洲没有产生多大反响。曾在阿拉伯世界受过教育的比萨的莱昂纳多（Leonardo of Pisa，约1175—约1240），又名斐波那契（Fibonacci），于1202年在他的《计算之书》（*Liber abaci*）中使用了这个数字体系。这本书建议店家和数学家扔掉算盘，采用颇具潜力的阿拉伯数字进行计算。然而，这本书也是用拉丁文编写的，所以许多人也读不懂。1522年，亚当·里斯（Adam Ries，1492—1559）用德语写了一本书，解释了如何使用这些数字。最终，那些有文化素养但没有受过古典教育的人也可以应用这套数字体系了。

我们会接受（或者死记硬背）表格的最后一行的结果，但是并不知道其中的原因。希望本书这个热气球的例子能对读者有所帮助！

我们现在已经厘清让气球升降的逻辑，数学家称之为“运算”。如果我们想计算高度，即在数轴上的相应位置，就要结合在数轴上的当前位置以及操作的变化进行计算。运算中的第一个数字显示了当前的高度，余下的计算表示我们将采取什么动作。例如，“–4 + 3”可以表示成如下的过程：

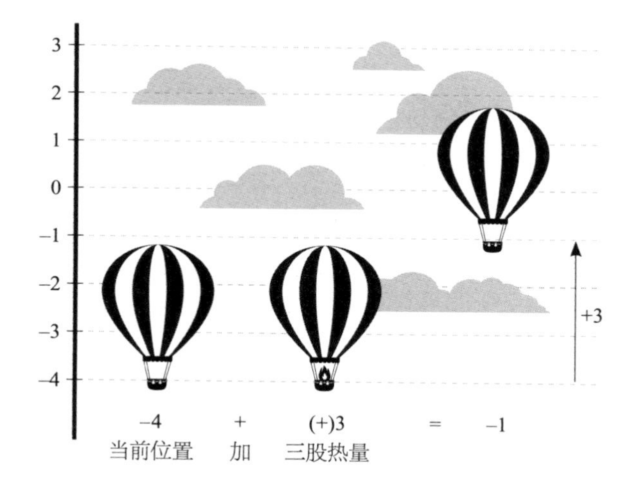

显然，这意味着气球将沿数轴上升3个位置，从–4到–1[①]。因此：–4 + 3 = –1。

接下来是一个略微棘手的例子，包含多个负数，具体如下：

① 一个真正的热气球会继续上升，但这里我们认为它是数学意义上的热气球，而不是真正的热气球。

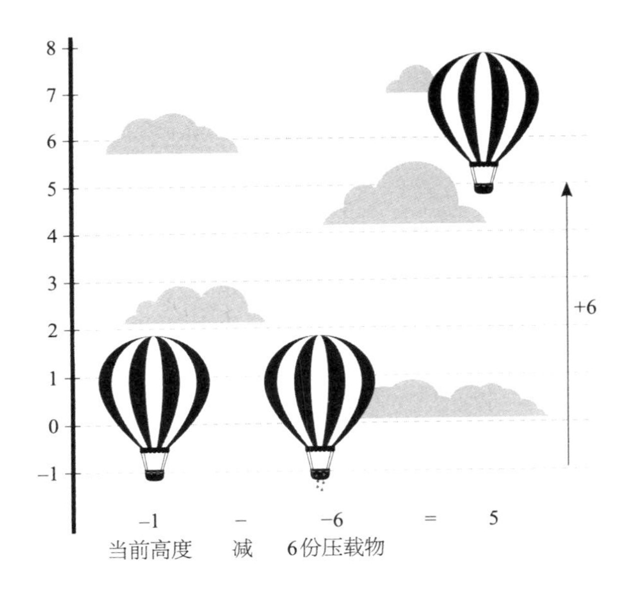

减掉6份压载物可以让气球上升6个高度，所以：$-1-(-6)=5$。

现在，我们知道气球何时上升，何时下降了。下一章我们将进行更加复杂的算术和其他四则运算。

第4章　加法和乘法

我们在做较大数字的加法时，都会依赖数字内包含的位值信息。我们知道1 234表示的是一千二百三十四。数字中的每个位置都对应一个值。从右边开始数，它们（通常称为数位）分别是个位、十位、百位、千位等。每向左移动一位，数值就会变为原来的10倍。因此，数字1 234的个位是4（代表4），十位是3（代表30），百位是2（代表200），千位是1（代表1 000）。我可以把1 234写成：

$$1\ 234 = 4 + 30 + 200 + 1\ 000$$

数学老师把这样的式子叫作展开式，这对理解算术题是非常有帮助的。想象一下如何计算1 234 与5 678的和。

我可以借助展开式来计算：

$$1\,234 = 4 + 30 + 200 + 1\,000$$

$$5\,678 = 8 + 70 + 600 + 5\,000$$

然后，我可以很容易地将相应的值相加：

$1\,234 + 5\,678$:　$4 + 8 = 12$（个位）

$30 + 70 = 100$（十位）

$200 + 600 = 800$（百位）

$1\,000 + 5\,000 = 6\,000$（千位）

我们可以得出：$1\,234 + 5\,678 = 12 + 100 + 800 + 6\,000 = 6\,912$。

然而，我们在学校学到的方法充其量只是这一计算过程的简单记录。从右到左，将每一列相应的数值求和：

$$\begin{array}{r} 1\quad 2\quad 3\quad 4 \\ +\quad 5\quad 6\quad 7\quad 8 \\ \hline \end{array}$$

第一步先计算 $4 + 8 = 12$。因为一个数位中写不下12，所以把2留在个位，向十位进1，再进行下一步计算：

$$\begin{array}{ccccc} & & & 1 & \\ & 1 & 2 & 3 & 4 \\ + & 5 & 6 & 7 & 8 \\ \hline & & & & 2 \end{array}$$

理论上讲，下一数位表示的含义是10 + 30 + 70 = 110。但是，我们也可以直接计算一共有多少个10：1 + 3 + 7 = 11。这样一来，数字也超了，所以我们需要向下一位再进1，从而进行下一轮运算：

$$\begin{array}{ccccc} & & 1 & 1 & \\ & 1 & 2 & 3 & 4 \\ + & 5 & 6 & 7 & 8 \\ \hline & & & 1 & 2 \end{array}$$

100 + 200 + 600 = 900：

$$\begin{array}{ccccc} & & 1 & 1 & \\ & 1 & 2 & 3 & 4 \\ + & 5 & 6 & 7 & 8 \\ \hline & & 9 & 1 & 2 \end{array}$$

最后，1 000 + 5 000 = 6 000：

$$
\begin{array}{ccccc}
 & & 1 & 1 & \\
 & 1 & 2 & 3 & 4 \\
+ & 5 & 6 & 7 & 8 \\
\hline
 & 6 & 9 & 1 & 2
\end{array}
$$

乘法是重复相加的一种快捷算法。12 × 17表示的是12个17。我可以把12个17相加或者17个12相加，来算出答案。但是如果你已掌握了乘法表的话，乘法就要快得多。

想象一下，我有很多棋子。我可以将棋子排列成每行17个、共12行，来解决12 × 17的问题：

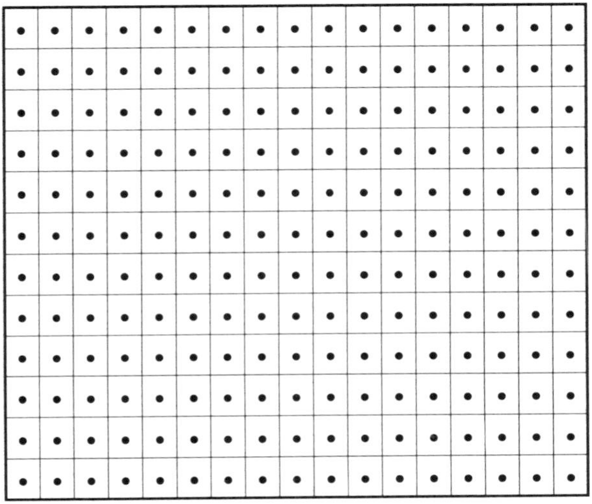

但是，如果我把12分解为10 + 2，把17分解为10 + 7，我就可以分组计算：

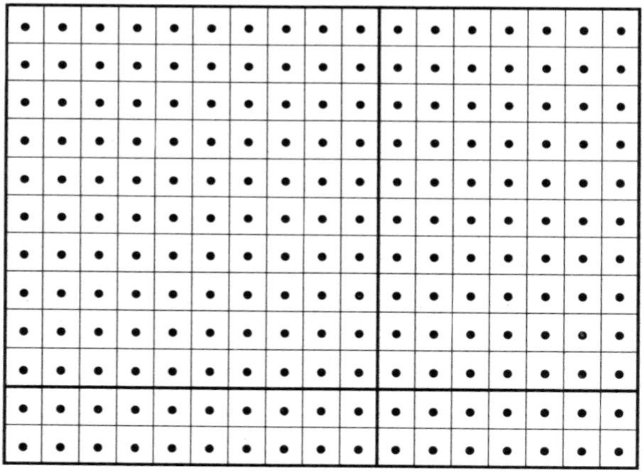

由于我已经掌握了乘法表，所以我可以计算出每部分有多少个棋子。

	10	7
10	10 × 10 = 100	10 × 7 = 70
2	2 × 10 = 20	2 × 7 = 14

所以，$12 \times 17 = 100 + 70 + 20 + 14 = 204$。

这种方法（至少需要204个棋子）被称为网格法。如果要计算293×157，我们可以用一种更先进的方法：

	200	90	3
100	100 × 200 = 20 000	100 × 90 = 9 000	100 × 3 = 300
50	50 × 200 = 10 000	50 × 90 = 4 500	50 × 3 = 150
7	7 × 200 = 1 400	7 × 90 = 630	7 × 3 = 21
	31 400	14 130	471

你可能会问，如果我们要计算的数超出了乘法表中的数字，应如何在脑中进行计算呢？这里介绍一个小技巧。当计算一个整数乘以10时，我会直接在该数的尾部加一个0。对于100×200，我会把100写成$1 \times 10 \times 10$，200写成$2 \times 10 \times 10$。如果我把它们放在一起，就有下面的式子：

$$
\begin{aligned}
100\times200 &= \underline{1}\times10\times10\times\underline{2}\times10\times10 \\
&= \underline{1\times2}\times10\times10\times10\times10 \\
&= \underline{2}\times10\times10\times10\times10
\end{aligned}
$$

小数

值得注意的是，我可以在两个方向上拓展数位。对于个位右边的数位，相邻的两位相差10倍，个位后分别是十分位、百分位、千分位等。中间可以用小数点表示分开。也就是说，我可以照上面的规则做小数的加法，例如45.3 + 27.15：

$$
\begin{array}{rrcrr}
 & 1 & & & \\
 & 4 \quad 5 & . & 3 & 0 \\
+ & 2 \quad 7 & . & 1 & 5 \\
\hline
 & 7 \quad 2 & . & 4 & 5
\end{array}
$$

请注意，我在45.3结尾处加了0，以便让数位匹配，使计算更清晰（对于减法尤其重要）。我之所以这样处理，是因为45.3等于45.30：十分之三加上百分之零仍然是十分之三。正因如此，数学家把45.30称为四十五点三零，而不是四十五点三十。

记住，每乘一次10就表示在2之后加一个0，于是可以得到100 × 200 = 20 000。但我不会每次计算时都这样处理。我只是把前面的数字相乘，然后在右边加上相应数量个0。因此，对于50×200，我的思维过程是$5 \times 2 = 10$，然后在右面加上三个0。因此，$50 \times 200 = 10\ 000$。回答正确。

回到前面的计算中，可以看到我已经完成了每一列的计算。

我的最终答案是31 400 + 14 130 + 471，再做一次求和就大功告成了：

$$
\begin{array}{cccccc}
 & & 1 & 1 & & \\
 & 3 & 1 & 4 & 0 & 0 \\
 & 1 & 4 & 1 & 3 & 0 \\
+ & & & 4 & 7 & 1 \\
\hline
 & 4 & 6 & 0 & 0 & 1
\end{array}
$$

最终答案：$293 \times 157 = 46\ 001$。

还可以运用其他方法，包括长乘法，但你只需要掌握一种运算方法即可。

下面让我们讨论一下加法和乘法的好朋友——减法和除法。

纳皮尔筹

约翰·纳皮尔（1550—1617）是苏格兰数学家、天文学家和炼金术士，他发明了一套做乘法运算的小棒，称为纳皮尔筹。这种算法把每个倍数的运算表刻到一根木条上，例如，用于3倍运算的木条如左下图所示：

3
0/3
0/6
0/9
1/2
1/5
1/8
2/1
2/4
2/7
3/0

如果计算9×371，可以把3、7和1倍运算的木条并排放好，它们的第9行如下图所示：

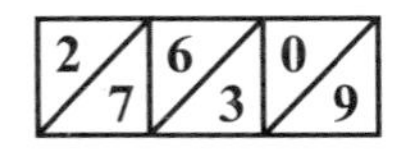

然后从右边开始，把每个对角线中的数字加起来。如果得数超过9，就进入下一个条：

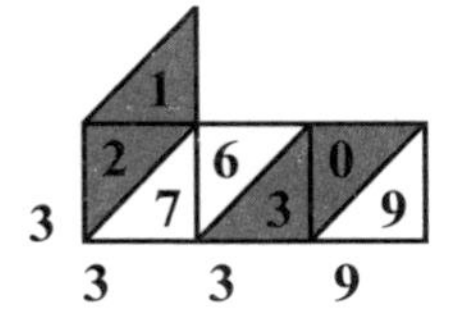

因此，$9\times371=3\ 339$。

据传，纳皮尔曾施展巫术。他有一只黑色的公鸡，他每隔一段时间会命令仆人们独自进入一个房间，抚摸那只公鸡，说公鸡会感受到仆人是否诚实。实际上，纳皮尔事先把烟灰涂在了公鸡的羽毛上。任何有愧疚感的人都不会抚摸公鸡，于是他们的手上就没有沾上烟灰，狡猾的纳皮尔就会发现他们有罪。

第 5 章　减法和除法

减法和加法的运算很相似。例如，6 543 – 5 678的计算过程如下：

6 543 – 5 678:　3 – 8 = –5

40 – 70 = –30

500 – 600 = –100

6 000 – 5 000 = 1 000

这样可得到–5 + (–30) + (–100) + 1 000 = –135 + 1 000 = 865。我们可以再次使用上一章逐列计算的方法，但是与加法计算中总是出现多余的数不同，减法计算中我们需要处理相反的问题。如果用上一章的解题思路，就有：

$$\begin{array}{rrrrr} & 6 & 5 & 4 & 3 \\ - & 5 & 6 & 7 & 8 \\ \hline & 1 & -1 & -3 & -5 \end{array}$$

这样做没有多大意义。为了得出正确的答案，我需要借位。但根据我的一名学生所说，因为借的位永远不会还，所以借位的最佳说法应是“偷位”。

当注意到3–8的结果是负数时，就可以从上一列数字中借位来为3助力。于是4被划掉并减1，得到3。在这里借一抵十，所以借位后3变成13。13 – 8 = 5，于是就有：

$$\begin{array}{rrrrr} & & & 3 & \\ & 6 & 5 & \not{4} & {}^{1}3 \\ - & 5 & 6 & 7 & 8 \\ \hline & & & & 5 \end{array}$$

下一步的运算为3 – 7 = –4。所以，还得继续从左边相邻的列（百位）借位。100等于10个10，所以这时十位上的3变成了13，这样我就可以继续往下计算了：

$$\begin{array}{ccccc} & & 4 & {}^{1}3 & \\ & 6 & \cancel{5} & \cancel{4} & {}^{1}3 \\ - & 5 & 6 & 7 & 8 \\ \hline & & & 6 & 5 \end{array}$$

下一步运算也需要到千位上借位。从千位借位后，千位数相减，结果为0：

$$\begin{array}{ccccc} & 5 & {}^{1}4 & {}^{1}3 & \\ & \cancel{6} & \cancel{5} & \cancel{4} & {}^{1}3 \\ - & 5 & 6 & 7 & 8 \\ \hline & 0 & 8 & 6 & 5 \end{array}$$

于是，我们就有6 543 – 5 678 = 865。

从前文中，我们可以看出加法和乘法关系密切，减法和除法的关系也一样。计算3 780 ÷ 15，就是在解决“3 780中有多少个15”这个问题，也是在回答“从3 780中不断减掉15，要减多少次”这个问题。实际上，这种被称为“分割法”的解题思路是应对除法问题的关键。在这种方法中，我不断从被除数中减去除数，直到结果为0为止。

首先，我知道2 × 15 = 30，所以200 × 15一定等于3 000。从3 780中减掉3 000就是：

$$
\begin{array}{rrrrrl}
 & 3 & 7 & 8 & 0 & \\
- & 3 & 0 & 0 & 0 & 200 \\
\hline
 & & 7 & 8 & 0 &
\end{array}
$$

到这一步，还剩下780。对于15，因为有$4 \times 15 = 60$，所以$40 \times 15 = 600$。好了，下一步我再减掉它。

$$
\begin{array}{rrrrrl}
 & 3 & 7 & 8 & 0 & \\
- & 3 & 0 & 0 & 0 & 200 \\
\hline
 & & 7 & 8 & 0 & \\
- & & 6 & 0 & 0 & 40 \\
\hline
 & & 1 & 8 & 0 &
\end{array}
$$

最后，还剩下12个15，减完为止：

$$
\begin{array}{rrrrrl}
 & 3 & 7 & 8 & 0 & \\
- & 3 & 0 & 0 & 0 & 200 \\
\hline
 & & 7 & 8 & 0 & \\
- & & 6 & 0 & 0 & 40 \\
\hline
 & & 1 & 8 & 0 & \\
- & & 1 & 5 & 0 & 10 \\
\hline
 & & & 3 & 0 & \\
- & & & 3 & 0 & 2 \\
\hline
 & & & & 0 &
\end{array}
$$

我统计了一下：200 + 40 + 10 + 2 = 252，所以3 780 ÷ 15 = 252。显然，如果在乘法上多用功，那么在做除法时用的步骤就会少。

长除法运算也有些复杂，但也是按照相似的办法。

先从左边开始。因为15有两个数位，所以我会考虑前两个数字中有多少个 15？两个15等于30，用减法计算余数：

$$\begin{array}{rl} & 2 \\ 15 & \overline{)3780} \\ - & \underline{30} \\ & 7 \end{array}$$

现在，我把注意力转移到7和8，我把8落到7的旁边。那么，78里有多少个15？ 5个15是75。

$$\begin{array}{rl} & 25 \\ 15 & \overline{)3780} \\ - & \underline{30}\downarrow \\ & 78 \\ & \underline{-75} \\ & 3 \end{array}$$

最后，我把0落下来，那么30中有多少个15呢？

$$
\begin{array}{r|llll}
 & & 2 & 5 & 2 \\
\hline
15 & 3 & 7 & 8 & 0 \\
- & 3 & 0 & \downarrow & \downarrow \\
 & & 7 & 8 & \\
 & - & 7 & 5 & \\
 & & & 3 & 0 \\
 & & - & 3 & 0 \\
 & & & & 0
\end{array}
$$

短除法和长除法一样，但在短除法中，我们会心算出上一步的余数，并把它们放入下一次计算中。短除法可以把分数方便地转换成小数。如果想知道5除以 8是不是小数，那么可以计算5 ÷ 8：

$$8\overline{)\,5\qquad\qquad}$$

5中包含0个8，所以余数为5。在商的位置先要写上0，后面还要加上小数点，不然就没有地方写余数了。这样做的道理是因为5 = 5.0，商里的小数点与5.0中的小数点对应：

$$\begin{array}{l} \quad 0. \\ 8\,\overline{)\,5.\ \ {}^{5}0\qquad} \end{array}$$

50除以8，商为6，余2（如果需要，我可以在小数点之后继续加0）：

$$\begin{array}{l} \quad 0.\ \ 6 \\ 8\,\overline{)\,5.\ \ {}^{5}0\ \ {}^{2}0\quad} \end{array}$$

20除以8得到的商是2，余数是4：

$$\begin{array}{l} \quad 0.\ \ 6\ \ \ 2 \\ 8\,\overline{)\,5.\ \ {}^{5}0\ \ {}^{2}0\ \ {}^{4}0} \end{array}$$

40除以8正好得到商为5：

$$\begin{array}{l} \quad 0.\ \ 6\ \ \ 2\ \ \ 5 \\ 8\,\overline{)\,5.\ \ {}^{5}0\ \ {}^{2}0\ \ {}^{4}0} \end{array}$$

所以，我们知道 $\frac{5}{8} = 5 \div 8 = 0.625$。这种方法适用于任何分数，对于较难的运算，可以使用“长除法”。在下一章里，我们将遇到一些较难计算的分数。

第6章　分数和素数

在上一章，我们把分数转换为小数，接下来看一下$\frac{1}{3}$，这个数非常有意思：

$$\begin{array}{r|l} & 0.\ \ 3\ \ \ 3\ \ \ 3\cdots \\ \hline 3 & 1.\ \ {}^{1}0\ \ {}^{1}0\ \ {}^{1}0\cdots \end{array}$$

我们很快发现，计算结果一直在循环，即10除以3得3余1，这个过程一直在重复。我们把这种小数叫作循环小数，在某个数上面加点说明这个数一直在循环。

$$\frac{1}{3}=0.\dot{3}$$

$\frac{1}{7}$的计算则更有趣。

$$\begin{array}{l} \quad\ 0.\ 1\ \ 4\ \ 2\ \ 8\ \ 5\ \ 7\ \ 1\ \ 4\ \ 2\ \ 8\ \ 5\ \ 7\ \ 1\ \ 4\ \ 2\ \ 8\ \ 5\ \ 7\cdots \\ 7\overline{)\,1.\ {}^{1}0\ {}^{3}0\ {}^{2}0\ {}^{6}0\ {}^{4}0\ {}^{5}0\ {}^{1}0\ {}^{3}0\ {}^{2}0\ {}^{6}0\ {}^{4}0\ {}^{5}0\ {}^{1}0\ {}^{3}0\ {}^{2}0\ {}^{6}0\ {}^{4}0\ {}^{5}0\cdots} \end{array}$$

在这里，我们得到了一个重复序列。我们在序列的首尾数字上各加一个点来表示这个数：

$$\frac{1}{7}=0.\dot{1}42\ 85\dot{7}$$

而且，每个以7为分母的分数的重复序列都是相同的，只是起始、终结数字有所不同：

$$\frac{2}{7}=0.\dot{2}85\ 71\dot{4}$$

$$\frac{3}{7}=0.\dot{4}28\ 57\dot{1}$$

$$\frac{4}{7}=0.\dot{5}71\ 42\dot{8}$$

$$\frac{5}{7}=0.\dot{7}14\ 28\dot{5}$$

$$\frac{6}{7}=0.\dot{8}57\ 14\dot{2}$$

如果你也愿意挑战一下，可以试试把19为分母的分数转换成小数！

只要看一看分母，我们就可以判断它在转换成小数后，是会像上面那样无限循环，还是会得到有限的数位。要做到这一点不难，标准就是，把分母乘以某个数，看它是否能成为10的倍数（10、100、1 000等）即可。如果能转换成功，那么小数部分的计算就轻而易举了。

但在这之前，我们先来了解一个非常重要的数学概念，叫作等值分数，即具有相同值的不同分数。可以举比萨饼的例子来思考。如果我们两个人共享一个比萨饼，每人一半，我们就可以把比萨饼各自切成几份，但是我们拥有的比萨饼仍然相等。同样，早在上学时，我们就学会了这个概念：一半是两个$\frac{1}{4}$，或者三个$\frac{1}{6}$。

$$\frac{1}{2}=\frac{2}{4}=\frac{3}{6}$$

数学老师可能曾经对你说过："计算分数，先看分母，再看分子。"这句话的深层含义就是指分数的等值特征。

这种方法也可以把分数转换成小数。例如，$\frac{51}{250}$转换起来有些麻烦。但是，如果把分子和分母都乘以4，就可以得到：

$$\frac{51}{250}=\frac{51\times 4}{250\times 4}=\frac{204}{1\,000}=0.204$$

转换成等值分数之后，接下来要思考的是，能否把分母乘以某数而得到10的倍数。怎样才能判断出来呢？

为了检验这一点，我们需要理解素数的概念。一直以来，它都让数学家为之着迷。简单讲，素数是指只有两个因数的自然数。例如8可以被1、2、4和8整除，它有4个因数，显然它不是素数。5有两个因数，1和5，所以它是素数。1的因数只有一个，所以它也不是素数，因为1不符合只能被1和这个数本身整除的条件。所以，开始的几个素数是2, 3, 5, 7, 11, 13, 17, 19, 23。

素数之所以如此令人着迷，是因为下面这个算术基本定理，即每个自然数都可以写成素数的乘积，但是这样的写法只有一种。例如：

$$30=2\times 3\times 5$$

30只能写成这几个素数的乘积，所以我们把2、3和5称为30的素因数。对我来说，素数就像数学DNA（脱氧核糖核酸）：每个数字都是独一无二的，并且只有一组素因数，没有双胞胎，也不用担心克隆！即使像223 092 870这样大的数，也只包含一组素因数（$2 \times 3 \times 5 \times 7 \times 11 \times 13 \times 17 \times 19 \times 23$）。

那么，这些对于分数有什么帮助？当把分数转换成小数时，为获得有限的小数位数，我们需要将它的分母变为10的倍数。10的素因数是：

$$10 = 2 \times 5$$

为了得到100的素因数，可以写出下面的式子：

$$\begin{aligned} 100 &= \underline{10} \times \underline{10} \\ &= \underline{2 \times 5} \times \underline{2 \times 5} \end{aligned}$$

所以，100的素因数与10一样，都是2和5（只是多乘了几遍而已）。我们可以看到，对于10的任一倍数，其素因数中一定有2和5。因此，如果分母的素因数是2或5的某种组合，那么就有办法将它乘以某数，从而转换成10的倍数。上面的例子中对于分母是250的分数，我们可以将250分解为：

$$250 = 2 \times 5 \times 5 \times 5$$

式中只有2和5。将这个数乘以4，即2×2，得到1 000。如果分母为240，我们可以将240分解为：

$$240=2\times2\times2\times2\times3\times5$$

式子里面包含一个3，所以简单来说，对于任何分数，只要它的分母为240，转换后的小数一定是无限延伸的。例如：

$$\frac{73}{240}=0.304\,1\dot{6}$$

同时，我们还知道：

$$\frac{120}{240}=\frac{120\div120}{240\div120}=\frac{1}{2}=0.5$$

对于这个分数，当把它化成最简单的形式时，分母只包含2或5，所以它可以转换成有限位数的小数。

分数的加减

我们在研究分数的时候，发现它们的算术运算是遵循一定的顺序进行的。在做加法或减法前，我们需要把所有分数的分母统一。为了最有效地做到这一点，我们会寻找两个分母的最小公倍数。例如，如果我想计算$\frac{5}{8}$和$\frac{7}{12}$的和，就要先确定8和12的最小公倍数，结果显然是24。

$$\frac{5}{8}+\frac{7}{12}$$
$$=\frac{5\times 3}{8\times 3}+\frac{7\times 2}{12\times 2}$$
$$=\frac{15}{24}+\frac{14}{24}$$
$$=\frac{29}{24}$$

这是一个头重脚轻的假分数，因为分子大于分母。由于某种原因，这种数字在初等数学中是不成立的，只有达到英国普通高中水平或同等水平以上才成立。我想，这是因为带分数一目了然，更容易理解，但假分数进行计算更容易。为了把一个假分数转换成一个带分数，需要认识到$\frac{24}{24}=1$。这意味着：

$$\frac{29}{24}=\frac{24}{24}+\frac{5}{24}=1\frac{5}{24}$$

减法也可以按照类似的方法计算：

$$\frac{5}{9}-\frac{1}{4}$$

$$=\frac{5\times 4}{9\times 4}-\frac{1\times 9}{4\times 9}$$

$$=\frac{20}{36}-\frac{9}{36}$$

$$=\frac{11}{36}$$

36是4和9的最小公倍数，等值转换将两个数变为分母为36的分数。

分数的乘法和除法

乘法的计算方法很直接，即分子乘以分子，分母乘以分母。例如：

$$\frac{3}{5}\times\frac{1}{2}=\frac{3\times 1}{5\times 2}=\frac{3}{10}$$

值得注意的是，将一个数乘以真分数，数值会变小。

下面，我举一些例子来帮助读者更好地理解分数的乘法。可以看到，乘以$\frac{1}{2}$等于除以2，同样，乘以$\frac{1}{3}$等于除以3。这种关系叫作倒数关系。2和$\frac{1}{2}$彼此互为倒数，如果我把它们以适当的形式写下来，就可以看得更清楚了。

$\frac{1}{2}$是$\frac{2}{1}$的倒数。

这种方法很方便，因为除以一个数与乘以它的倒数是等效的：

$$5 \div 3 = 5 \times \frac{1}{3}$$

我可以用这个方法来做分数的除法：

$$\begin{aligned} & \frac{2}{3} \div \frac{5}{8} \\ &= \frac{2}{3} \times \frac{8}{5} \\ &= \frac{2 \times 8}{3 \times 5} \\ &= \frac{16}{15} \\ &= 1\frac{1}{15} \end{aligned}$$

15的素因数是3和5，所以$1\frac{1}{15}$转化成小数时后面的数字是重复的。

求素数

素数之所以受到数学家的广泛关注，除了算术基本定理之外，还有一个原因就是，至今还没有人发现素数的模式或推导公式。很多人都做过尝试。例如，法国牧师马林·梅森（Marin Mersenne，1588—1648）用下面这个公式计算了一系列数字：

$$M_n = 2^n - 1$$

第一个数是1，此时n为1，$2^1-1 = 1$。第二个数是3，此时$n = 2$，$2^2 - 1 = 3$。以此类推，就有了下面的数字：

$$1, 3, 7, 15, 31, 63, 127, 255, 511, 1\,023, 2\,047\cdots$$

梅森指出，根据这个公式算出的一些数字是素数，例如3、7、31和127，它们是数列中的第二、第三、第五和第七个数字。2、3、5和7本身就是素数，所以看起来，如果将素数代入n，按照公式计算后就应该得到素数。但是7之后的素数是11，而按照公式算出$M_{11} = 2\ 047$，显然它不是素数，因为$2\ 047 = 23 \times 89$。

靠人工识别较大的素数很困难。例如，M_{107}是一个33位数字，把它分解成数字的组合并判断它的因数是什么将非常耗时。

进入数字时代，我们有了计算机这个工具，它可以完美地完成计算，并且不知疲倦。20世纪50年代早期，人们用计算机找到的梅森数的位数超过了百位。1999年，第一个百万位数的梅森数被发现。当前的最大记录是$M_{74\ 207\ 281}$，它的值超过2 200万位数。

这有什么用呢？数学家总是会出于对事物的热爱而做研究。但是，素数也是现代加密方法的基石。如果我想通过互联网发送一个号码，比如我的信用卡信息，那么心怀叵测的人就会拦截这个号码并花掉我的钱。

为了避免这种情况，因特网使用了加密的方法，用公钥来转换正在传输的号码。这个公钥是一个非常大的随机数字的组合。事实上，它们是由非常大的素数生成的。只有具备私钥的接收者，才能在合适的时间框架内还原这个过程。

网站地址的开头“https”，表示网站使用基于传输层安全协议的超文本传输协议来加密进出计算机的信息。所以，你之所以能快乐地在线购物，这一切都要归功于睿智的数学家。

超长乘法

在1903年的一次讲座上，美国数学家弗兰克·纳尔逊·科尔（Frank Nelson Cole，1861—1926）把M_{67}分解为两个数相乘，这个数原本被认为是素数：

$$147\ 573\ 952\ 589\ 676\ 412\ 927$$
$$=193\ 707\ 721 \times 761\ 838\ 257\ 287$$

然后，他亲自写出了这个乘法的计算过程，以证明结果。他算了一个小时。全场鸦雀无声，当科尔默默地回到座位上时，参会人员全体起立，对他报以经久不息的掌声。

第7章　二进制数

第1章中提到了计算机，人们把繁重的计算问题交给了它们，它们是人类智慧的结晶。人类把计算机数字化，即使用电子器件来制造基于二进制计算的机器。这是一个数字系统，参与运算的每列数值都是2的乘方（如1、2、4、8、16等），而人类用来计数的十进制系统是基于10的乘方（如1、10、100、1 000等）。

这其中的原因在于，从电子学的角度可以将电压看成零或非零，而非零可记作1。如果我们用计算机模拟十进制系统，即用0伏电压代表数字0，以1伏电压代表数字1，并以此类推，那么我们就会遇到麻烦，因为计算机元件中的电阻会随着温度的升高而改变，电压也会随着元件之间电线的长度增加而下降。

十进制数	二进制数			
数列的值：	8	4	2	1
1				1
2			1	0
3			1	1
4		1	0	0
5		1	0	1
6		1	1	0
7		1	1	1
8	1	0	0	0

你可能认为，二进制是现代计算机使用的计数系统，它是一个相当现代的发明。其实并非如此。世界各地的各种文化都曾在不同的情况下使用过二进制。《易经》自公元前8世纪起就被中国人用于算命，这本书使用了阴、阳这两种二元符号构成了三元符号和六元符号。伟大的德国数学家戈特弗里德·莱布尼茨（Gottfried Leibniz，1646—1716）对《易经》非常感兴趣，并在17世纪末设计了现代二进制系统。

后来，英国逻辑学家乔治·布尔（George Boole，1815—1864）在他的著作《思想法则》（*The Laws of Thought*）中，提出了使用二进制数的逻辑系统。现在这个系统被称为布尔逻辑。美国数学家克劳德·香农（Claude Shannon，1916—2001）在1937年第一次在电子电路中使用了二进制系统，并表示它可以用来执行算术和逻辑运算。香农使用开关来表示二进制信息，切断表示0，闭合表示1。

在第二次世界大战期间，他与英国数学天才艾伦·图灵（Alan Turing，1912—1954）会面，讨论如何用计算机破解纳粹密码的问题。他们发现彼此的工作可以互补。香农在1948年发表的题为《通信的数学理论》（*A Mathematical Theory of Communication*）的论文掷地有声，这也使他成为现代数字计算机之父。

如果你也想和计算机一样做算术，你将欣喜地发现，计算规则是完全相同的。你只需记住在二进制中，$1+1=10$。

例如，$101+110$的运算是这样的：

$$\begin{array}{r} 1\ 0\ 1 \\ +\quad 1\ 1\ 0 \\ \hline 1\ 0\ 1\ 1 \end{array}$$

1 010 – 111的运算也类似，但请记住10 – 1 = 1：

$$
\begin{array}{ccccc}
 & & 1 & {}^{1}0 & \\
 & \cancel{1} & {}^{1}\cancel{0} & {}^{1}\cancel{0} & {}^{1}0 \\
- & & 1 & 1 & 1 \\
\hline
 & 0 & 0 & 1 & 1
\end{array}
$$

101 × 110的运算过程如下（请注意，根本不需要用到十进位乘法表）：

×	100	10	0
100	100 × 100 = 10 000	100 × 10 = 1 000	100 × 0 = 0
0	0 × 100 = 0	0 × 10 = 0	0 × 0 = 0
1	1 × 100 = 100	1 × 10 = 10	1 × 0 = 0
	10 100	1 010	0

于是10 100 + 1 010 = 11 110。

对于除法1 010 ÷ 100，可以这样计算：

$$
\begin{array}{r|ccccc}
 & & & 1 & 0. & 1 \\
\cline{2-6}
100 & 1 & 0 & 1 & 0. & 0 \\
- & 1 & 0 & 0 & \downarrow & \downarrow \\
\cline{2-4}
 & & & 1 & 0 & 0 \\
 & & - & 1 & 0 & 0 \\
\cline{4-6}
 & & & & & 0
\end{array}
$$

注意，在二进制中也可以有分数，小数点右边的数位表示$\frac{1}{2}$、$\frac{1}{4}$、$\frac{1}{8}$等。所以，这里的0.1表示$\frac{1}{2}$。

你可以把这里的所有计算都转换成十进制来验算一下。读者们，快来一试身手吧!

计算机的计算速度取决于芯片中开关（或晶体管）的数量，以及元件的散热程度。本书成稿时，在一个小型商用计算机芯片中就能放置70亿个晶体管。1965年，英特尔公司的联合创始人、美国企业家戈登·摩尔（Gordon Moore，生于1929年）指出，芯片技术的进步使它所装载的晶体管数量每两年就增加一倍，这个过程也被称为摩尔定律。

在过去5年中摩尔定律处于停滞状态，因为我们达到了物理极限。现在生产的晶体管尺寸小到用纳米来度量，也就是说你可以在一个点的面积上安装上百万个晶体管。那么，未来将如何发展呢?

一种可能性是开发依赖于量子力学奇特效应的量子计算机，这在理论上可以使量子计算机比传统数字计算机的运算快很多。

值得一提的是，计算机与人类的高效是同步的，有时，二进制和十进制之间的差异可能意味着生死之别。1990年8月2日，伊拉克开始入侵科威特，海湾战争开始。萨达姆·侯赛因领导的伊拉克拒绝撤离刚占领的科威特，除非以色列让出“占领”的土地。

8月17日，包括美国和英国在内的34个成员国组成的联盟发起了“沙漠风暴”行动，目的就是解放科威特。伊拉克军火库中的飞毛腿弹道导弹是苏联在冷战时期发展起来的新型武器。弹道导弹实际上就是火箭，它借助所携带的燃料可以进入地球大气层外，然后在重力作用下击中目标。其射程有几百千米，伊拉克用它们来袭击以色列、沙特阿拉伯等目标。

美国军方在几个地方布置了爱国者导弹发射装置。爱国者导弹非常快速和敏捷，与高精度雷达相结合，理论上能够摧毁空中的飞毛腿导弹。爱国者系统使用雷达信息来判断飞毛腿导弹的速度和方向，从而计算出它的轨迹，并计算出爱国者导弹的发射地点。这不是多困难的事情，因为爱国者系统检测飞毛腿导弹时，飞毛腿导弹只是在重力的作用下下落。

精确的计时对于这项工作来说至关重要。爱国者软件的时钟跟踪时间以$\frac{1}{10}$秒计。也就是说雷达每秒记录10次，以跟踪飞毛腿的行踪，并更新对其轨迹的预测。

早些时候，计算机使用二进制系统。要计算出二进制的$\frac{1}{10}$，需要计算1 ÷ 1 010。

在这里我把二进制的长除法略掉，直接告诉读者用二进制表示的$\frac{1}{10}$是一个循环小数：

$$\frac{1}{10}=0.000\ 110\ 011\ 001\ 100\ 110\ 011\ 001\ 100\ 110\ 011\cdots$$

我可以把这个数写成$0.0\dot{0}\ 01\dot{1}$。它使用了我们在前文看到的符号。

爱国者系统所使用的计算机可以处理多达24位数字。这似乎相当精确了，但是，由于二进制的$\frac{1}{10}$是循环小数，所以他们必须要切断数字的尾部。换算回十进制系统后，实际时间就不是测量的$\frac{1}{10}$（或0.1）秒，而是0.099 999 91秒，误差是0.000 000 09秒。这个时间看似微不足道，但随着时间的推移，误差会越来越大，因为时钟每秒钟就快了$\frac{1}{10}$秒。

1991年2月25日，在沙特阿拉伯已经运行了大约100个小时的爱国者系统电脑总误差约为$\frac{1}{3}$秒。

同样，这似乎也不是一个严重的错误。然而，从空中坠落的飞毛腿，其速度约为每秒1.5千米，飞毛腿在这段错误的时间内行进了约500米。

这意味着，爱国者导弹将会朝着错误的地方发射，或者根本不能发射，因为雷达无法找到飞毛腿的位置，可能认为这是一次错误的检测。

于是就有了在沙特阿拉伯发生的那次事件。一枚飞毛腿导弹击中美军营房，造成28名士兵死亡，更多人受伤。一切都是由舍入误差引起的。

正因如此，学会舍入变得非常重要，我们将在下一章中详细分析。

第8章　精确度

细节决定成败，在当今这个时代，我们需要应对很多细节。数学家和科学家经常处理具有高精度的数据或测量值。

例如，德国粒子物理学家彼得·特鲁布（Peter Trueb）把数学常数π的数值扩展到了超过22万亿位（截至撰写本书时）。可是，如果你想计算出一个圆形花坛需要多少堆肥，完全没有必要计算到这种精确度。就连我的智能手机的计算器上显示的π的值也包含12个小数点。但面积的计算不需要包含这么多小数位的精确度。

请注意，虽然在日常英语中我们会混用准确（accurate）和精确（precise）这两个词，但是精确并不等于准确。如果我说我昨晚喝了2.734 5个酒精单位的酒，这是非常精确的，但如果我实际上喝了3.2单位，前者就是不准确的。

在数学中，当需要降低精确度，同时还要尽可能准确时，我们将用到“舍入”的计算过程。舍入的方法分几种。

我们在学校学习的第一个方法是舍入到最近的数值，当然这一接近值需要指定。例如，指定最近的数位是十位，那么43可以舍入到40；如果指定最近的数位是百位，那么2 893可以舍入到2 900；如果指定的数位是千位，2 893就约等于3 000。数字越大，我们越需要做舍入计算。房价通常舍入到千位，甚至五千或万位。“三叉戟核潜艇的成本为310亿英镑”比“三叉戟核潜艇的成本为31 264 358 769.73英镑”的表述更加妥当。

舍入背后的意义在于，在保证准确的前提下，以更低的精度表现数字。如果要把57舍入到最近的十位，那么必须在50或60两个数中做出选择。我们选择的是60，这个选择更准确，因为60比50更接近57。

如果把250舍入到最近的百位，就会出现一个小问题。我们要在200和300之间做选择，但250正好位于两个数中间，我该选哪一个好呢？按照惯例，我们会在这种情况下进位，所以300就是正确的答案。

为什么惯例是这样呢？其中一个原因是，当我进位时，我可以少做检查。当我把250进到最近的百位时，我看到数字5就可以进位了。但如果我们想舍去后面的数字，还需要检查下一个数字，看看它是否为0。所以，上述进位的效率更高一些。

如果你已掌握了保留到最近数位的方法，一般来说下一步就要学习如何舍入到小数位。思维过程是一样的。如果我想把1.234保留到小数点以后两位，我仍然要保持最后答案的准确性。1.234在1.23到1.24之间（有些人认为1.234在1.230到1.240之间更容易理解），我认为它更接近1.23。解决这一问题的捷径是看第三位小数。如果它是0、1、2、3或4，我们就舍去，也就是说第二位小数不变。如果第三位小数是5、6、7、8或9，那么第二位小数就加1。这就是通常所说的四舍五入。

如果舍入时遇到数字9，就要改变前面的数字。例如，我想将1.96保留到小数点后一位，因为6大于5，所以小数点后的9加上1得10，于是我写下0，然后进1位，最后得到2.0。如果检查一下，我们也会发现1.96介于1.9和2之间，并更接近2。

到目前为止，我们已经了解了怎样保留到最近的小数位。但是，如果计算中包含不同大小的数字，应遵循怎样的规则，才能保证所有数字具有相同的精度呢？

例如，计算5 234 × 0.726时，我无法将它们都保留到最近的百位，因为0.726接近于0。并且我也不能将5 234保留到任何小数位，因为它就没有小数。

因此，最后我们还需要学习一个规则，即有效数字，来帮助我们应对上述问题。我们可以从左边第一个不为0的数字开始计算有效数字。所以，5 234的第一个有效数字是5，0.726的第一个有效数字是7。如果我将这两个数字“保留一位有效数字”，我的结果中就将包含一个非0数字（不考虑前面的0）。

以5 234为例，先要考虑千位数列中的5。当我将5 234保留有效数字时，可以保留到最近的千位数，因为这是第一个有效数字的位置。因此，按有效数字计算，5 234可以保留为5 000。

同样，0.726的第一个有效数字是十分位上的7，所以把这个数字保留一位有效数字就相当于保留到十分位，结果就是0.7。所以计算过程就是：

$$5\ 234 \times 0.726 \approx 5\ 000 \times 0.7 = 3\ 500$$

可以看到，保留一位有效数字让计算变得更简单，所以上面的计算过程可以用于估算。在检查计算结果时，估算非常有用。例如，如果我们人工计算5 234 × 0.726后，得到的答案是379.988 4，而通过估算知道结果应该约为3 500，就可以验证刚才的答案是不正确的。好好检查一下，我们会发现5 234 × 0.726应该等于3 799.884，所以我们犯了一个典型的错误——小数点的位置搞错了。做算术时，估算是一种非常有用的自动更正方法。

第9章　乘方

在日常生活中，乘方（或指数，两种叫法都可以）很少见，但就数字的大小和本身的意义来说，它们非常强大（在英语中，乘方一词也有强大的意思）。乘方可以表示非常大的数字（比如你的硬盘有多大空间）或者非常小的数字（比如维生素片中含有的有效成分）。

三个5相乘，可以写成5^3，上标3是一种简便的写法。见下式：

$$5^3 = 5 \times 5 \times 5=125$$

我们把5^3说成是“五的三次方”或“五的立方”。通常这个式子会被误认为是5×3，那样就只能得到15，比起乘方的结果要小得多。我们对于10的乘方很熟悉，因为这与阿拉伯数字体系中使用的位值数列之间的关系相同：

$$10^6 = 10 \times 10 \times 10 \times 10 \times 10 \times 10 = 1\ 000\ 000$$

（一百万）

$$10^5 = 10 \times 10 \times 10 \times 10 \times 10 = 100\ 000$$

（十万）

$$10^4 = 10 \times 10 \times 10 \times 10 = 10\ 000$$

（一万）

$$10^3 = 10 \times 10 \times 10 = 1\ 000$$

（一千）

$$10^2 = 10 \times 10 = 100$$

（一百）

我们会发现10的乘方符合以下的等式：

$$10^1 = 10\text{（十）}$$

这说明了一个普遍的乘方法则，即任何一个数的一次方就是这个数本身：

$$a^1 = a$$

10的乘方用处很大，在英语中人们使用前缀来表示十的几次方。举例来说，“kilo-”代表10^3或1 000。因此，1千米（kilometre）是1 000米，1千克（kilogram）是1 000克，1千瓦（kilowatt）是1 000瓦特。大部分前缀表示的是以10的三次方为基准的倍数关系：

10^3：千——kilo——（k）

10^6：百万——mega——（M）

10^9：十亿——giga——（G）

10^{12}：万亿——tera——（T）

在上面的例子中，后面几个数量级用来描述计算机的数据处理能力，但我希望在不远的将来，千兆（P, 10^{15}）和百万兆（E, 10^{18}）的使用也变得很平常。

比宇宙还大的数字

1920年，美国数学家爱德华·卡斯纳（Edward Kasner）想给一个巨大的数字——10^{100}取个名字。他9岁的侄子把这个数字叫作“googol”。这个数字特别大，整个宇宙也只有10^{80}个原子，也就是说googol是10^{80}的100 000 000 000 000 000 000倍！

如果这还不够大，那还有一个更大的数字——googolplex，也就是googol的googol次方。googol有100个0，而googolplex有googol个0。

数学家们发现，当计算乘方的乘法或除法时，我们可以用两种简便的方法。举例如下：

$$5^3 \times 5^4 = (5 \times 5 \times 5) \times (5 \times 5 \times 5 \times 5)$$

括号内的数字是5^3和5^4的展开式，可以看到答案是7个5相乘，即5^7。我们不用把所有的5都写出来，也能很快计算出得数。请注意，数字7等于把两个乘方的次数相加：

$$5^3 \times 5^4 = 5^{3+4} = 5^7$$

一般来说，如果把同一个数的不同次乘方相乘，就有下面的规则：

$$a^n \times a^m = a^{n+m}$$

计算乘方的除法时，方法同上。例如：

$$8^5 \div 8^2 = \frac{8 \times 8 \times 8 \times 8 \times 8}{8 \times 8}$$

如果我把8消掉，就有：

$$\frac{8 \times 8 \times 8 \times 8 \times 8}{8 \times 8} = \frac{8 \times 8 \times 8 \times \cancel{8} \times \cancel{8}}{\cancel{8} \times \cancel{8}} = \frac{8 \times 8 \times 8}{1} = 8^3$$

可以看到，最终的结果就是乘方的差值：

$$8^5 \div 8^2 = 8^{5-2} = 8^3$$

或者，我们可以写成：

$$a^n \div a^m = a^{n-m}$$

这条定律能帮助我们理解零次方所表示的含义。如果计算$3^4 \div 3^4$，两个乘方的差值就是：

$$3^4 \div 3^4 = 3^{4-4} = 3^0$$

道理很明显，某个数字除以它本身，结果只能是1，所以3^0必须等于1。这推导出另一个定律，那就是任何数的零次方都是：

$$a^0 = 1$$

负数的乘方

如果我用上面的办法计算小乘方除以大乘方，那么得到的乘方次数就是负数：

$$7^4 \div 7^9 = 7^{4-9} = 7^{-5}$$

下面我把上式写成分数形式：

$$7^4 \div 7^9 = \frac{7^4}{7^9} = \frac{7\times7\times7\times7}{7\times7\times7\times7\times7\times7\times7\times7\times7}$$

$$= \frac{\cancel{7}\times\cancel{7}\times\cancel{7}\times\cancel{7}}{7\times7\times7\times7\times7\times\cancel{7}\times\cancel{7}\times\cancel{7}\times\cancel{7}} = \frac{1}{7\times7\times7\times7\times7} = \frac{1}{7^5}$$

这意味着 $7^{-5} = \frac{1}{7^5}$，或者说1被 7^5 除，这个结果值很小。一般来说：

$$a^{-n} = \frac{1}{a^n}$$

让我们回到10的乘方：

$10^0 = 1$（一）

$10^{-1} = 1/10$（十分之一）

$$10^{-2}=1/100\text{（百分之一）}$$

$$10^{-3}=1/1\ 000\text{（千分之一）}$$

同样，10的乘方次数为负数的值，也和一些前缀相关：

10^{-2}：百分之一——centi——（c）

10^{-3}：千分之一——milli——（m）

10^{-6}：百万分之一——micro——（μ）

10^{-9}：万亿分之一——nano——（n）

如果看一下维生素的药瓶背面，就会发现某些矿物质的计量单位是微克。纳米指的是一个分子的大小，于是便有了“纳米技术”这个词。我们不能认为负数次的乘方所得的结果也是负数。实际上，结果应为小于1的正数。

分数的乘方

如果你认为前文的负数次的乘方已经很难掌握，那么分数的乘方可能要更困难了！回忆一下上文提到的公式：$a^n\times a^m=a^{n+m}$，所以有：

$$6^{\frac{1}{2}} \times 6^{\frac{1}{2}} = 6^{\frac{1}{2}+\frac{1}{2}} = 6^1 = 6$$

两个$6^{\frac{1}{2}}$相乘，等于6。这让我们想起之前讲的平方及平方根的部分。当$6^{\frac{1}{2}}$乘以自身而得6时，它一定是6的平方根：

$$6^{\frac{1}{2}} = \sqrt{6}$$

一般情况下，我们知道：

$$a^{\frac{1}{2}} = \pm\sqrt{a}$$

平方根前面如果带了±号，就有了一些细微的区别。当单独描述平方根（即没有±号）时，只指正平方根。但同一个数字也有一个负的平方根，这是因为负数乘以负数得正数（负负得正）：

$$4 \times 4 = 16$$
$$(-4) \times (-4) = 16$$

所以+4和–4都是16的平方根，正负（±）符号也表示答案不唯一。

同理，其他分数次乘方也代表不同的根。某数的$\frac{1}{3}$次方相乘三次，结果也会得到这个数，这表示$\frac{1}{3}$次方的值与立方根相同：

$$4^{\frac{1}{3}}=\sqrt[3]{4}$$

注意，这里没有±号。4的立方根也为正，因为三个负数相乘的结果是负数。例如，我们知道8的立方根是2（因为2×2×2=8），但是(–2)×(–2)×(–2)=–8，而不是8。

一般来说：

$$a^{\frac{1}{n}}=\sqrt[n]{a}$$

乘方及它的应用

乘方通常用于描述复合单位，这些量本身没有单位。例如，我们把米当作长度单位（通常使用带10次方前缀的一些长度单位，如千米、厘米、毫米等），但是我们用平方米（m^2）来表示面积。它是一个复合单位，因为没有哪个单独的单位可以表示面积。当然，我们可以用英亩或公顷等单位，避免使用乘方。

有时你也会看到负指数（指数即乘方次数），通常使用“每”（意思是“除以”）这个字来表示。速度就是一个复合单位，一些汽车的仪表板会把每小时的公里数显示为公里·小时$^{-1}$（kmh^{-1}），而不是公里每小时（kph）。后者是数学意义上的说法（kph只是“公里每小时”的简单表示方法），而前者是公里乘以小时的负一次方：

$$\begin{aligned} kmh^{-1} &= km \times h^{-1} \\ &= km \times \frac{1}{h} \\ &= km \div h \end{aligned}$$

某数的–1次方，等于用1除以这个数字，因此它是一种表示汽车速度单位的简单数学方法。

公亩的由来

公顷（hectare）有时被用作面积单位，但很少有人知道它的真实故事。公亩（are）是一个描述土地面积的旧制单位（但仍然是米制单位），1公亩代表边长为10米的一块正方形的土地面积，该单位和其他米制单位在18世纪末法国革命后被一同引入。“hecto-”实际上是一个前缀，表示10^2

或100。把“hecto”和“are”放在一起，可以组成一个新词——公顷，1公顷等于$100 \times 10 \times 10 = 10\,000$平方米。1公顷大概等于2.5英亩，相当于一个足球场的大小。

许多非常重要的方程都使用乘方。爱因斯坦的$E = mc^2$为核能的发展铺平了道路，牛顿的$F = Gm_1m_2r^{-2}$可以描述行星的运动。费马大定理涉及希腊数学家丢番图（Diophantus）的方程：$a^n + b^n = c^n$。

在本章的开头，我曾说过，乘方或指数可以让我们用很少的数字来表示很大的数字，而技术人员经常用科学计数法来表示它们。科学计数法是指把一个数字表示成一个1~10之间的数乘以10的乘方的形式。例如，真空中的光速（爱因斯坦方程中的c）为299 792 458米·秒$^{-1}$（或米/秒），可以保留到只有一个有效数字，即300 000 000。在这里，我们用10的乘方将其标准化：

$$300\,000\,000 = 3 \times 100\,000\,000 = 3 \times 10^8$$

这个数字在计算中用起来更方便，我们也不用小心翼翼地输入冗长的原始数字，避免出错。实际上，现代科学计算器有一个“$\times 10^x$”键，也是基于这个原因。

牛顿方程中的G的值是0.000 000 000 066 740 8 $m^3kg^{-1}s^{-2}$，可以转换为6.7×10^{-11}。所以，无论是做天文计算还是微观计算，或者只是想区分十亿和百万级别的数字的差别，指数或者乘方都是必备的工具。

体重指数

体重指数（BMI）的计算公式为：

$$BMI = 质量 \div 身高^2$$

质量的单位是千克，身高的单位是米。标准健康值为18.5~25千克/米^2。例如，某人身高1.7米，体重70千克，其体重指数就超过了24。这项指标可以提供一个大致的概念，即某人的体重相对于身高来说是否合理，以此作为一个健康方面的依据，来判定是否需要增加或减少体重。很多人都计算过自己的体重指数，特别是在杂志或网上看到相关信息后。然而，易混淆的是人们可能会将身高的平方按乘以2倍计算，如果那样做，就会低估你的体重指数（除非你的身高超过两米），而且身高越矮，体重指数越低。你可能本来只能吃胡萝卜，但因为糟糕的数学知识，却伸手拿了一块蛋糕。

第二部分
比率、比例和变化率

第 10 章　百分数

如今，人们离不开百分数。特别优惠、利率、年度利率（APR）、通货膨胀、选举波动、体脂肪、税收和酒精饮料等，都用百分数来表示。虽然这些例子只是百分数应用的部分领域，但也说明了百分数对于现代生活的重要意义。

百分数是分母为100的分数，源于拉丁语“per centum”（以百计数）。它的写法“%”来自意大利商人的速记法（原写作per cento）。百分数流行有两个主要原因，一个原因是大多数货币是十进制的，所以金融计算中会直接使用百分数；另一个原因是，百分数很容易比较。

可以试着想象一下，这个世界如果没有百分数会怎样。

你要在两个储蓄账户之间选择，一个以$\frac{117}{997}$计息，另一个以$\frac{59}{500}$计息，选哪一个呢？若不简化，这两个分数很难比较。但是，我如果让你比较11.74%和11.8%，就比较容易了。

由于百分数从本质上讲也是分数，所以它们的算术运算遵循相同的规则。然而，在处理百分数时，我们往往都会使用乘法运算。

如何计算百分数

当我知道薪水中的一部分会缴税时，发薪日收到工资条的喜悦就会减半。如果我一年挣25 000英镑，还得付23%的税，那么税务部门会得到多少？

税务部门从每100英镑中拿走23英镑，所以我可以把我的薪水除以100，看看当中有多少个100英镑，然后再乘以23：

$$25\,000 \div 100 \times 23 = 5\,750\text{（英镑）}$$

我先除以100还是先乘以23并不重要，所以我也可以这样写：

$$25\ 000 \times 23 \div 100 = 5\ 750\text{（英镑）}$$

同理：

$$25\ 000 \times 23\% = 5\ 750\text{（英镑）}$$

所以说，若想计算一个数的百分数，我只要乘以这个百分数就可以了。当然，你也可以用小数来表示百分数：

$$25\ 000 \times 0.23 = 5\ 750\text{（英镑）}$$

百分数的加减

真是快乐的一天——我得到了5%的加薪！为了计算新的年薪，我用上面的方法计算出工资的5%，然后加上它就是我的新收入。但是，新工资是我原来工资的105%。所以，新工资是：

$$25\ 000 \times 105\% = 26\ 250\text{（英镑）}$$

这里只需要一个步骤，而不是两步（先计算工资的

5%，再做加法）。如果你习惯用小数，可以用$2\ 500 \times 1.05$得到相同的结果。

下面我们再来计算百分数的减少，由于我不想让工资减少，所以我们来举一个销售的例子。你最喜欢去的服装店举办了为期一天的促销活动——“所有标价商品减价15%”，如何计算23英镑的T恤衫的新价格？我们同样可以计算价格的15%，并从原来的价格中减去这个数，但这需要两个步骤。我发现原价在减少15%后只剩下85%，我就可以计算出：

$$23 \times 0.85 = 19.55\text{（英镑）}$$

颠倒的百分数

我最近听说，超市里售出的食品利润常常高出35%。那么，我怎么才能计算出57.24英镑的商品除了利润，成本是多少？

要做到这一点，我需要知道，为购物支付的价格是原始价格的135%，所以除以135才能求出1%的价格是多少，然后乘以100就得到了原始的价格。

$$57.24 \div 135 \times 100 = 42.40 \text{（英镑）}$$

我也可以这样算：

$$57.24 \times 100 \div 135 = 42.40 \text{（英镑）}$$

因此就有：

$$57.24 \times \frac{100}{135} = 42.40 \text{（英镑）}$$

这个百分数是颠倒的，但是回忆一下，乘以一个分数和除以它的倒数是一样的：

$$57.24 \div \frac{135}{100} = 42.40 \text{（英镑）}$$

所以如果想从百分数变化中找出原始值，就要除以这个百分数。

如何计算还款额

我们很多人都需要贷款购买大型、昂贵的物品，比如房产和汽车。银行为了赚钱而收取利息，通常用年度利率来表示。

如果以5%的固定利率贷款的话，你可能会认为在贷款期限内，你的还款额全部都用于所欠款项。但实际不是这样的。因为你支付的还款额被分成两部分：一部分偿还当月累计利息，另一部分偿还本来的金额。

举个例子，假设我以每年12%的利率借了20 000英镑。在第一个月结束时，我需要在20 000英镑的基础上支付1%的利息（年利率12%折合成月利率1%）。这就用到了上面讲到的百分数增加的算法：

$$20\ 000 \times 1.01 = 20\ 200\text{（英镑）}$$

如果我每月支付500英镑，其中200英镑用于支付利息，剩下的300英镑用于偿还我所欠的债务，那么在第一个月结束时，我还剩余欠款20 200 – 500 = 19 700英镑。

在第二个月结束时，按下式计算利息为：

$$19\ 700 \times 1.01 = 19\ 897\text{（英镑）}$$

500英镑的还款中有197英镑用于支付利息，剩余303英镑用于偿还本金，而我这时的欠款余额是19 397英镑。如果我在第二个月按时还款，欠款会再次减少，这一过程将一直重复，直到还清贷款为止。

当偿还房屋抵押贷款时，这种影响尤其明显。因为前期主要还的是利息，所以贷款本金像蜗牛一样慢吞吞地减少，最初的几份年度报表也会相当令人沮丧。但是随着时间的推移，情况会有所改善。

银行用来计算贷款还款的公式相当吓人，它会让你时刻想着在期末还清所有的债务：

$$每月还款额=\frac{月利率\times借款额}{1-(1+月利率)^{-月数}}$$

如果我在25年（25 × 12 = 300个月）内以5%（月利率为：5% ÷ 12 = 0.42%）的固定利率抵押贷款15万英镑，那么就有：

$$每月还款额=\frac{\frac{0.42}{100}\times150\,000}{1-(1+\frac{0.42}{100})^{-300}}$$

如果对于–300有疑问，请复习前文第9章内容。用计算器算起来很方便，我会得出：

$$每月还款额 = \frac{630}{0.715\ 596\ 5} = 880.38\text{（英镑）}$$

我最终共应偿还 $880.38 \times 300 = 264\ 114$ 英镑，比我借的时候多100 000英镑。

伯努利、欧拉和*e*

很多数学家都想知道多年后利率会如何变化。雅各布·伯努利（1654—1705）注意到，不仅是利率，就连利率的计算频率也会影响还款额和最终支付的总金额。

为了说清楚，不妨想象一下在上例中，如果银行每天收取利息会是什么情况。日利率将是 $\frac{5\%}{365} = 0.013\ 7\%$，每天的还款额是28.80英镑，相当于每月支付876英镑。所以每月只少还了一些，可那也比之前好啊！相反，如果银行每年收取利息，每月的还款将是886.91英镑。

可见，利息计算得越频繁，对你越有利。投资也是如此。

伯努利得出结论：如果持续计算利息，你需要计算的公式是：

$$\lim_{n \to \infty} (1+\frac{1}{n})^n$$

这个公式看起来很吓人，但却涉及一些重要的数学概念。“lim”是“极限”一词的缩写，而“$n \to \infty$”表示“n趋向无穷大”。请记住：无限不是一个数字，我们无法在计算和公式中使用它。这就是数学家的思维方式：当n非常大时，$(1+\frac{1}{n})^n$的值会发生什么变化？分数部分随着n的增大而变得越来越小，n越大，整个值就会越小，但是乘方次数的增加意味着这个值会增加很多倍。这正是我们在付利息时应该做的考量：多付几次少额的钱会减少所付总额。

伯努利在研究银行账户的应计利息时发现，在一年中享受到的最多的利息是初始投资乘以2.7的乘方（乘方的次数是利率值）。如果我以每年5%的速度投资100英镑，并在一年中不断地获得利息，我会得到：

$$100 \times 2.7^{0.05} = 105.09（英镑）$$

如果这笔利息在年底一次性付清，这105英镑不会有大幅增收，获益有限。但随着时间的推移，人们以更精确的方式计算，2.7的后面就增加了更多的小数位。1978年，美国苹果公司的联合创始人史蒂夫·沃兹尼亚克（生于1950

年）用一台早期的苹果电脑计算出了它后面的10万位数。我们知道这个数字像π一样，永远不会重复：

$$2.718\ 281\ 828\ 459\ 045\ 235\ 360\ 287\ 471\ 352\ 662\ 49\cdots$$

这个值出现在数学的很多领域，原本看似毫不相干。一位著名的瑞士数学家莱昂哈德·欧拉（1707—1783）在他的力学（描述了事物的运动原理，而不是如何修理机器的学科）著作中，用字母e来表示这个数字，因此它也被称作欧拉数。这个数字也因欧拉的名声而被广泛使用：

$$e^{i\pi}+1=0$$

1和0代表自身，是计数和其他数字的基础。π表示几何的圆形特性。i是-1的平方根，是一个并不存在的虚数，在各种不可解的方程中，虚数大有用武之地。这个简洁的表达式包含5个最重要的数字，许多人认为这是整个数学中最优雅（也有人说是最美丽）的方程式。

第11章　统一度量衡

量纲分析被科学家、工程师和数学家用来检验他们的最新公式对于所用单位是否有意义。下面是正方形面积的计算公式：

正方形面积=边长×边长

我们知道，面积是以平方米为单位的。如果我们看方程式另一边的单位，即“边长×边长”的部分，就会发现这两个单位都是米；相乘时，米乘以米等于米的平方，方程式两边的单位互相匹配。分析公式的量纲虽不能保证公式的正确性，但可以作为一个有用的工具。

圆的面积计算公式是：

$$圆的面积 = \pi \times 半径 \times 半径$$

分析量纲后，我们发现该式与前面的示例完全相同。然而，我们需要把老朋友π找出来，才能得到正确的答案：

$$圆的面积 = \pi r^2$$

对于π，它不会影响我们的量纲分析，因为它本身就不具有量纲。π是一个没有单位的常数，我们不会以米、千克或其他任何单位来衡量π。所以它是一个无量纲常数，多年来人们一直致力于研究这种量的价值。

18世纪后期，法国大革命中最大的成就之一就是引入了公制。由于十进制用起来非常方便，革命者也正好需要一个新的统一的度量衡，所以结果就顺理成章。这里还有另外一个原因，那就是自文艺复兴以来，自然哲学家（现代科学家和数学家的前身）一直频繁沟通，迫切地需要用一种更通用的方式来传递数量。

这个体系多年来不断完善，但其基本思想是基本单位越少越好，其他测量所需要的单位可以由这些基本单位导出。最初，基本单位包括米（长度）、千克（质量）和秒

（时间）。法国革命者将从北极点经巴黎到达赤道的距离定义为一千万分之一米。千克最初是指1 000平方厘米的水在刚超过冰点温度时的质量。1899年，它被重新定义为“国际千克原器”（International Prototype Kilogram）的质量。这是一个精心制造的圆柱体，由极其耐磨耐腐蚀的铂铱合金制成。在之后的几年中，更多涉及基本物理常数的概念也因此得到了订正。秒是一种已使用很久的时间单位，这种将一小时分为60等份的计时法起源于古代文化中第一次测量时间所用的数字体系。现在，秒的定义与一种叫作铯的金属原子及其恒定的振动频率有关。确切地说，1秒是铯原子振动9 192 631 770次所需的时间。

随着我们对宇宙认识的提高和更多测量的需要，又增加了其他基本单位：开尔文（温度单位），安培（电流单位），摩尔（一定质量物质的量），坎德拉（发光强度单位）。这7个单位现在被称为国际单位制（SI）的7个基本单位，我们可以用上述基本单位来描述物理世界中的所有物质。

随着我们对世界理解的深入以及需要的增加，我们也使用了许多衍生或复合单位。例如，升是一种体积单位，等于千分之一立方米，但是在周一早上的上班路上，人们睡眼迷离时，一升汽油的概念要比千分之一立方米更清楚。许多衍生单位是以科学家的名字命名的，以表示他们的研究在那个领域的重要性。英国天才艾萨克·牛顿（1642—1726）以创立引力这个概念而闻名：

牛顿第二定律：力=质量×加速度

质量作为国际单位制中的基本单位，用千克度量。加速度的单位是米/秒^2。所以，力的单位是“千克·米/秒^2”。我们可以把这个较长的复合单位称为牛顿。

布莱兹·帕斯卡（Blaise Pascal，1623—1662）是一位法国人，他除了在流体方面做了很多工作外，还发明了液压机和注射器。他的大部分研究都集中在压力上：

$$压力=\frac{力}{面积}$$

正如我们刚才看到的，力的单位为千克·米/秒^2，面积的单位是平方米。因此，压力的单位应该是千克·米/（秒^2·米^2），化简后为“千克/（秒^2·米）”。显然直接把压力的单位用帕斯卡表示，人们更容易接受。

以上两个定义都包含“每秒”的形式。当我们将某个量以时间单位划分时，我们观察的是该量在某个时间单位内的变化。这种现象在科学和数学中非常普遍，我们称之为变化的速率。最常见的就是速度的变化。你可能在学校中已经学过，我们可借助于下面这个三角形理解：

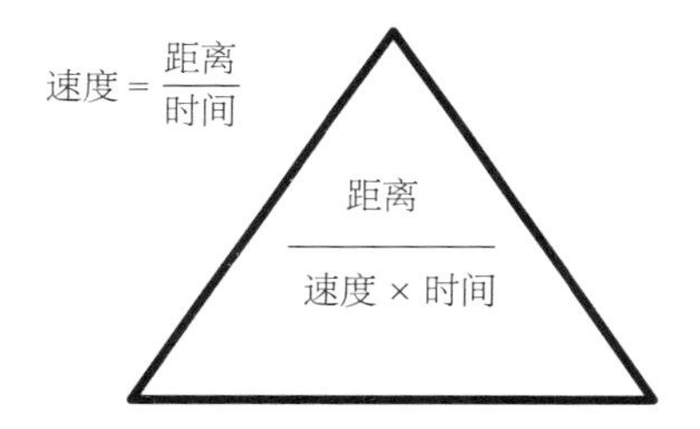

作为一名数学老师，我想说的是利用这个公式可以算出平均速度。例如，如果我乘火车从约克到伦敦，行驶距离是200英里[①]，耗时2小时，根据这个公式我的速度就是200 ÷ 2 = 100英里/小时。但这显然是一个平均速度，因为火车中途还会经历停车、加速、减速的过程，最后才到达伦敦。

速度是一种变化率。在本例中，它表示的是我每小时走了100英里的距离。我的位置相对于起点改变了100英

① 1英里≈1.61千米。——编者注

里。加速度指的是速度的变化率，即在一定的时间内，速度变化了多少。物体下落时，受重力影响，会以9.81米/秒^{2}的加速度运动。这个加速度表示下降物体的速度每秒增加9.81米/秒。这个速度相当快，因此除了猫以外，几乎所有东西从足够高的地方摔下来，都会粉身碎骨。

月球上的加速度仅为1.66米/秒^2，所以穿上比自身还重的宇航服的宇航员能够在月球表面轻松弹跳。

我们的一生都在体验9.81米/秒^{2}的加速度，我们总拿其他加速度与“重力”进行比较。在加速度的影响下，速度的大小和方向会发生变化，汽车在拐弯时，我们就会感受到这股力量。过山车产生的加速度可能高达地球引力的6倍，即6g。这么大的加速度，只在短时间内还可以承受。宇航员和战斗机飞行员经过训练，可以更长时间地承受较大的加速度，经常穿重力服可以将他们的血液从身体挤压到大脑中！

减速过程也可以有加速度，所以汽车中增加了碰撞缓冲区，它可以让速度的变化经历更长的时间，从而降低整体的加速度。安全气囊也可以有效地避免身体承受较高的加速度。

火星气候探测器

在公制系统发明几百年后，我们发现世界各地仍然在使用旧系统。在英国，人们还是喜欢用品脱①作为啤酒和牛奶的计量单位，用英里计量路程。在一些行业中，美国也使用和英国类似的度量系统，但不完全相同。

上述情况有时会引起诸多不便。1983年，加拿大航空公司的一架飞机在飞行途中燃油耗尽，机型是美国波音767，因为地面机组人员没有以千克计算装载的燃料，而是以磅②计。1千克比两磅还多，也就是说燃料还不到一半。再加上燃油表运转不灵，导致飞机不得不紧急降落在一个旧军用机场（现在是赛马场）。幸运的是，没有人受重伤，飞行员因没有准确检查燃油而被降级，但同时因为思维敏捷和技术过硬而获得嘉奖。

1999年，火星气候探测器从地球出发，预计9个月后进入环绕火星的轨道，以研究其气候变化。但在发动机将其送入轨道后不久，它就与地面失去了联系。随后的一项调

---

① 1品脱≈568毫升。——编者注

② 1磅≈0.45千克。——编者注

查发现，一个分包商使用磅而不是由国际单位制衍生的牛顿来计算发动机产生的推力，导致了运算错误。

这是一个非常严重的错误，原因有几个。第一，量纲分析显示，磅和牛顿不是同一个量度：牛顿是力的量度，而磅是质量的量度。第二，发动机的异常表现事先已被标记，但是没有得到重视。

结果就是，探测器进入火星大气层的速度过快而分崩离析，未能完成任务。这个项目耗资超过600亿美元。

第12章　比例

比例的概念似乎是显而易见的，但也并非总是如此。你准备了4个人的餐点，但当你知道有8个人要来吃晚餐时，你的本能反应就是随着客人数量的加倍，餐点也要加倍。这是因为客人的数量和餐点的量是成比例的。但是如果其中一个客人带了一个朋友，总数增加到9人呢？突然间，事情就不那么简单了。

在数学家看来，这表示客人的数量和我需要准备的意大利面的量之间存在着一定的关系。如果原来需要300克意大利面，那么我可以这样计算我应准备多少餐点：

如果4位客人需要300克意大利面，

1位客人就需要300克/4=75克意大利面，

所以9位客人需要$75 \times 9=675$克意大利面。

这种方法叫作整体法。我们先算出一人的餐量，再计算出最后的答案。还有一种方法是列出一个求所需面食的公式。然后，不管你有多少客人，都可以方便地计算出总数。假设客人的数量是n，所需的面食质量是m，数学家为得出公式，第一步就是写出：

$$m \propto n$$

这个符号的意思很简单，即“成正比”。我们还没有一个可用的公式，但已经列出了基本假设，现在需要添加一些数字信息。在整体法中可以看到，一个客人需要75克意大利面，然后再乘以客人的数量，就得到了需要的总数。我们现在有n个客人，所以我的公式就变成：

$$m = 75 \times n$$

在这个例子中，75叫作比例常数，它把两个变量m和n联系起来。

在这个例子中，客人的数量和面食的数量呈线性比例关系。这是因为两者的关系可以被绘制成穿过原点（图的左下角，其中m和n都是0）的直线：

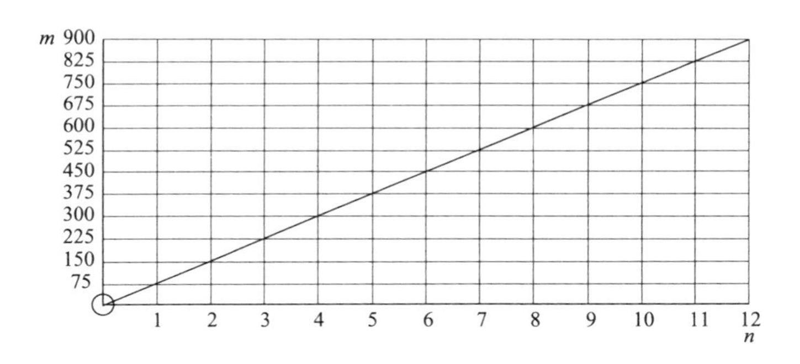

出错了：在日期线上的F–22

美国军方F–22猛禽是战斗机中的佼佼者。它集中了空气动力学、工程和航空领域的最新研究成果，几乎不可能被雷达探测到，并配备了高性能计算机，可以管理飞机的方方面面。

但计算机若崩溃就会造成比较大的问题。

这件事发生在2007年2月。12架F–22战斗机从夏威夷的基地飞往日本，它们越过了国际日期变更线。这条线从美国阿拉斯加州和俄罗斯东部中间向南穿过太平洋，绕过岛屿群，经过新西兰等地。如果飞机从东飞到西，就会损失24个小时的时间，这12架飞机就遇到了这种情况。

美国军方未公布究竟是哪个地方出了问题，但我怀疑是飞机可能突然无法计算飞机运行的变化率。由于多个系统都报出了异常参数值，所以飞机的导航和通信系统完全失灵。幸运的是，它们当时在空中加油机附近，可以很快自行飞回位于夏威夷的基地。造价1.48亿美元的飞机，竟然不能随便飞！

不是所有成比例的数都会形成一条直线。想象一下，我的公司是生产和销售方形瓷砖的，瓷砖的长度明显与其面积有关，但两者的关系不是线性的。如果我把瓷砖的长度加倍，面积就增加到原来的4倍：

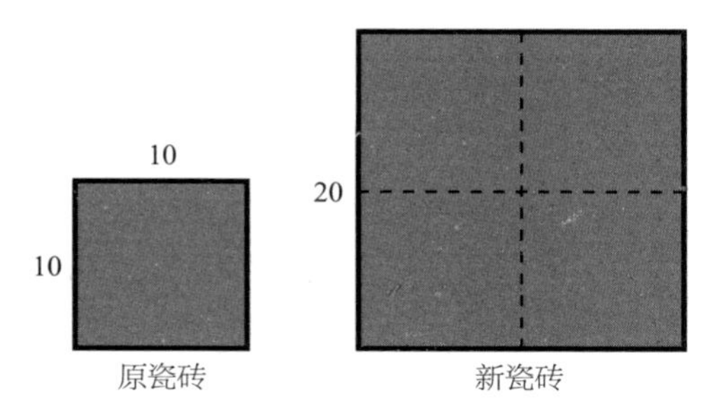

事实上，因为瓷砖的面积是长度的平方，所以两者的关系就是：

$$面积 \propto 长度^2$$

意大利面和瓷砖这两个例子中涉及的都是正比例关系——随着一个值的增加，另一个值也成比例地增加。反比例是指当一个值增加时，另一个值会成比例减小。例如，在音乐节工作的收垃圾小组，他们清理垃圾的时间会随着收垃圾人数的增加而减少。在这种情况下：

$$收垃圾时间 \propto \frac{1}{收垃圾的人}$$

如果我知道10个人需要50个小时才能收完垃圾，我就可以通过引入一个比例常数，我称之为k，把这个关系变成一个公式，即：

$$50 = k \times \frac{1}{10}$$

从这里我可以看到$k = 500$（500乘以$\frac{1}{10}$等于50），所以我的公式变成：

$$t = 500 \times \frac{1}{n}$$

其中t是收垃圾的时间，n是收垃圾的人数。有一个古老的问题："如果8个挖掘机挖8个洞需要8个小时，那么1个挖掘机挖1个洞需要多长时间？"我们的大脑中富有诗意的部分很容易将答案锁定为"1"，但其实数学计算会给出一个不同的答案。正确的答案应该是8个小时。整体法可以用来解释"工时"的概念——1个人1个小时能完成多少工作。8个挖掘机，8个小时，8个洞清楚地表明每1个挖掘机在8小时内管理1个洞。因此，挖1个洞的任务是8小时。

日常中，比例通常指的是物体长度和宽度的比较。某些事物的相对比例有时是令人赏心悦目的。几个世纪以来，许多数学家、科学家、哲学家、建筑师、设计师和艺术家都对这种现象着迷。

几何之父欧几里得（活动期：约公元前300年），是第一个描述现在被称为"黄金比例"的人，黄金比例可以使事物看起来颇具美感。他考虑的是线，但我认为如果我们以矩形为例，更容易欣赏它的美。

上面这个矩形的宽度和高度正好符合黄金比例。很多人说，这使它看起来非常令人赏心悦目，建筑师利用这种比例设计了从中世纪清真寺到现代建筑的很多作品。瑞士建筑师查尔斯–爱德华·让纳雷（Charles-Édouard Jeanneret，1887—1965），他的另一个名字更广为人知——勒·柯布西耶（Le Corbusier），就在作品中广泛使用了这个比例。

这个矩形的主要特征是，如果我把它切成一个最大的正方形和一个矩形，那么这个小矩形和原始矩形的比例也是相同的。

如果我在较小的矩形上重复这个过程，可能更容易看到：

阴影部分的矩形和原始矩形的比例也相同。如果这张图让你想起了彼埃·蒙德里安（Piet Mondrian，1872—1944）的作品（这位荷兰画家以几何分割的抽象画而闻名），也是顺理成章的。他想画出最令人愉悦的形状，他的作品也符合黄金比例。

为什么这个矩形好看？没有人能完全确定，但是美国工程师阿德里安·贝扬认为，我们的眼睛已经进化到会很快地识别出这个比例，这使我们的大脑能够更容易地处理信息。因此，我们在无意识中发现符合黄金比例的形状、图片、建筑物、脸更美。

黄金比例在数学中非常重要，所以像π和e一样，它也被赋予了一个单独的字母来表示：φ［发音为“phi”，和

“eye”（眼睛）押韵]，这是古希腊建筑师和雕塑家菲迪亚斯（Phidias，约前480—前430）的名字中的第一个字母，菲迪亚斯是古典希腊建筑之父。像π和e一样，φ也是一个无理数：

$$\varphi = \frac{1+\sqrt{5}}{2} = 1.618\,033\,98\cdots$$

（计算方法见第 17 章）

所以，一个长方形只要长是宽的一倍半多一些，就会很好看。人们认为脸的长度和宽度如果成黄金比例，就更有吸引力。你还可以下载应用软件，通过面部识别技术来分析照片，以确定你和你的朋友有多美！

第13章　比率

我总觉得除号“÷”是比号“：”和分号“–”的组合，从形式上看的确如此。不知道瑞士数学家约翰·雅恩（Johan Rahn，1622—1676）在第一次使用这个符号时是不是也有这样的想法。但是这恰恰说明除法、分数和比率有着不可分割的关系。三者的关系可以由下式看得一清二楚：

$$5 \div 7 = \frac{5}{7}$$

可是，5∶7的含义还不完全和分数及除法相同。如果两种物质的数量之比是5∶7，其含义是：对于每5份物品，有7份另一种物品与之对应。

在我的蒸粗麦粉包制作说明中，建议每100克干蒸粗麦粉搭配160毫升水。160 毫升水的质量是160克，这样我就可以写下这个比率为：

水：蒸粗麦粉

160：100

如果我按这个数量制作了一份美味的“地中海式饮食”，那么水和蒸粗麦粉的占比又是多少呢？这时我们就要区分比率和分数了。

水在成品中的占比不可能大于1，所以$\frac{160}{100}$这个结果是不合理的。同样，蒸粗麦粉在成品中的占比也不可能是$\frac{100}{160}$。

我的碗中的餐点包含100克蒸粗麦粉和 160克水，总计260克。从中可以计算出两种配料的占比是$\frac{160}{260}$（水）、$\frac{100}{260}$（蒸粗麦粉）。这里给出的是两种成分在总量中的占比，分母就是总质量。

对于前面的分数来说，我们可以进一步把分数值化简，即同时除以20，这样160：100就变成8：5。如果我还要制作一定数量的食物并且保持8：5的配比不变，那么

250克蒸粗麦粉需要多少水呢？根据8∶5的配比，可得出400∶250＝8∶5，所以水的质量应该是400克。

很多学校的课程中的一些分配货币的问题涉及了比率：如果安娜姑妈要将100英镑分给她的侄女比莉、克拉拉和黛西，分配比率为2∶3∶5，那么每一个人会分到多少英镑？

首先要注意的是，比率的问题可能会涉及两个以上的量，而分数问题则不行。解题的思路是：可以把安娜姑妈的钱想象成100英镑的硬币，我们要做的是把这些硬币分配出去。给比莉2英镑，给克拉拉3英镑，给黛西5英镑，第一次可以分出去10英镑。很明显，只要10次就可以把100英镑分完。所以经过10次分配后，安娜姑妈的侄女们分别得到了20英镑、30英镑和50英镑：

B	C	D	分配额
2	3	5	10
20	30	50	100

比率还可以应用在地图的比例尺中。在简单的地图中，往往有“1厘米代表实际100千米”的字样。然而，一些地图和地图集可能只出现“1∶50 000”的标志，表示的是地

图上的尺寸与实际尺寸的比率。

例如，如果我的房子和彩票店之间的距离从图上量是5厘米，那么实际是多远呢？

由1∶50 000的比率可知，真实的距离是5厘米的50 000倍，即5厘米 × 50 000 = 250 000厘米。这个距离究竟有多远呢？将厘米换算成米后，距离应为2 500米或2.5千米，不算很远。

当我到了彩票店，会遇到更多有关比率的例子，如赔率。习惯上赔率以“比”或“–”来表示，有时也会用类似分数的符号“/”来表示。但无论是以怎样的方式表示，赔率表示的都是你有多少胜算。例如，赔率为5∶2（5–2或5/2）时，押2英镑，会赢5英镑。赌注收回，你会得到7英镑。若赔率为2∶5，押5英镑，如果赢了，也会得到7英镑。

值得注意的是，这里说的赔率不是概率，尽管从某种程度上说，二者均反映了一种可能性。想要了解更多信息，请参看第25章内容。

第三部分
代　数

第 14 章　基础知识

与代数相关的概念非常简单：我们用字母代替未知项（未知数）或需要改变的项（变量）。

对，这就是代数。我们已经和它打了很长时间的交道，小学生都知道：

> 我心里想着一个数，它乘以两倍得10。
>
> 这个数是几？

无论在哪个国家，这个题目都可以作为一堂数学课的开始。在解题时，不管你用什么方法，都要先设一个未知数，即一个抽象的概念。代数的运算规则就是正常的算法规则。通过代数，我们人类能够更详细地解释宇宙并建立相关理论，超出了以前的宗教和哲学的诠释。代数可以用于数学的诸多其他领域，其自身也可以独立发展。

你是如何求解上述问题的？除非你是猜中的，否则我想你的解题过程应该是：如果一个数的两倍是10，那么它一定是10的一半，而10的一半是5！

如果你能够完成上面的计算，说明你已理解双倍运算的过程，而且你也认识到除以2与乘以2是两个相反但可逆的过程。做得好！

法国哲学家和数学家勒内·笛卡儿（1596—1650）率先把字母引入代数体系中。他很有可能是这样看待上述问题的：

$$2n = 10$$

这就引入了一个未知数，由简明的符号n表示，$2n$表示n的两倍。我们可以写为$2 \times n$，但乘号易与未知数符号“x”产生混淆，所以一般省略乘号，只在计算两个数字时才使用。

线性方程

上面列出的式子叫作方程式。我们经常（但也不总是）会求解方程式。我们可以把方程式形象地想象成天平或跷跷板，等号代表支点或枢轴。下图就是我们这道题的跷跷板：

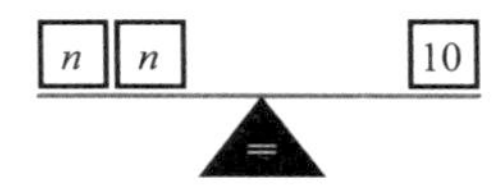

为了解题，我们需要把10匹配给两个n，也就是说用10除以2，得到两个5，这两个5与两个n对应：

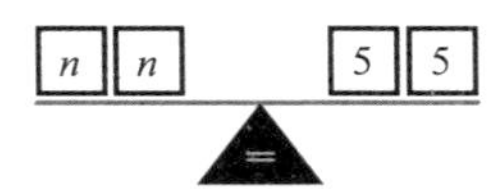

因此，n等于5。

用跷跷板解题很有帮助，因为凭经验来说，为了让跷跷板平衡，必须使两边的重量均等。如果改变一边，必须以相同的方式改变另一边，才能保持平衡或平等。

> 我心里想着一个数，乘以3后再加上8等于20。这个数字是多少？

这次有点儿难。如果用n表示未知数，方程可以写成$3n+8=20$。那么我们的跷跷板看起来像这样：

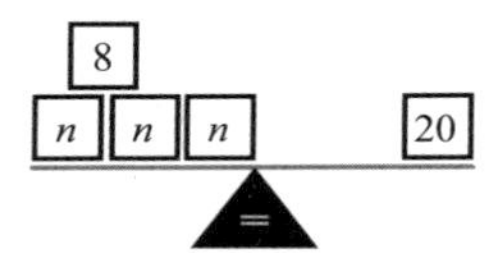

我能想到的是：$12+8=20$，于是就有，

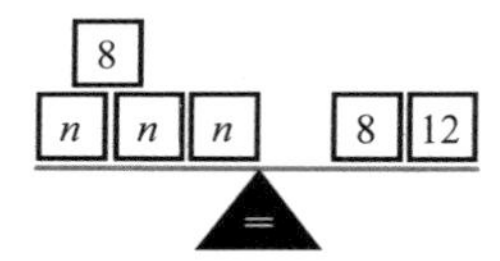

现在，式子两边同时减去8：

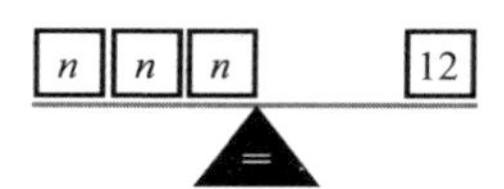

20减8后等于12，如果再把12分成3份，每份就是4：

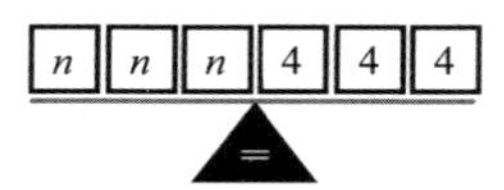

因此，n等于4。如果我把每一步骤都写下来，而不是只体现在跷跷板上，我可以得到：

$$3n + 8 = 20$$

（等式两边分别减去8）

$$3n = 12$$

（等式两端分别除以3）

$$n = 4$$

解方程的过程有点儿像在做游戏，等式两边同时去掉相同的项，直到方程一边只剩下未知数而另一边只剩下数字为止。我们可以使用逆运算来去除相同的项，下例就用到了除法和减法。

$$\frac{n}{5} - 2 = 4$$

$$(+ 2)$$

$$\frac{n}{5} = 6$$

$$(\times 5)$$

$$n = 30$$

如果式子两边同时都有未知数，游戏就会变得略微困难。但难度也没有增加多少：

$$5n + 7 = 3 + n$$

$$(-n)$$

$$4n + 7 = 3$$

$$(-7)$$

$$4n = -4$$

$$(\div 4)$$

$$n = -1$$

需要记住的是，我们可以把求出的答案代回原来的方程中，来检查方程的解。这叫作代入：

$$5 \times (-1) + 7 = 3 + (-1)$$

$$-5 + 7 = 2$$

$$2 = 2$$

所有过程都检查过了，答案是正确的。

二次方程

上面所有的方程都可以被称为线性方程，因为它们的未知数都不包含次方。未知数含有平方的方程称为二次方程，我们可以使用不同的方法来对其求解。

想象一下，有一个矩形的面积是15平方米，但不能确定长边和短边的确切长度，你能从这些信息中求出两个边长吗？

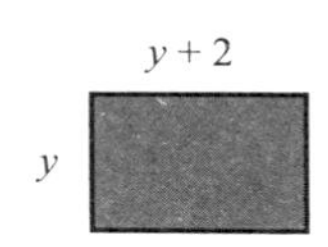

宽乘以长可以得到矩形的面积，所以我可以建立这样的方程，其中省略了乘号：

$$y(y+2)=15$$

由此，我们知道两个数字相乘等于15，其中一个数比另一个多2。

答案可能是3和5，这么容易就解出来了。但是不是每一次都可以通过心算求解？所以我们还是要看看如何用代数方法解这个二次方程。

这里再使用跷跷板方法就不太适合了，因为两边都有未知数，无法将它们组合在一起。我们可以把整个长方形分成一个正方形和一个较小的长方形来帮助我们解题。正方形的面积为$y \times y = y^2$，小长方形的面积是$2 \times y = 2y$，如下图所示：

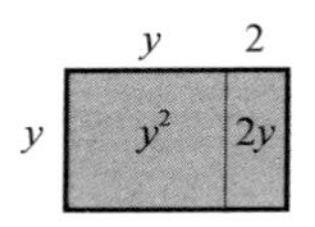

由图可知：$y(y+2)=y^2+2y$，并且因为正方形和小长方形的面积之和与大长方形的面积相同，所以也一定等于15：

$$y^2+2y=15$$

我成功地将括号打开，得出了y^2项，这也是这个方程被称为二次方程的原因。用代数求解二次方程有三种方法：完全平方法、因式分解法和公式法（使用二次方程的求解公式）。

完全平方法

要掌握这个方法，首先应知道将以下这个式子的括号展开，会得到什么：

$$(x+1)^2$$

同样，我们可以借助几何学来解答，因为$(x+1)^2$表示

$(x+1)\times(x+1)$：一个数乘以这个数本身，这可以看成一个正方形的面积。如果我们把两条边分别表示为长度x和长度1的相加，我们可以得到：

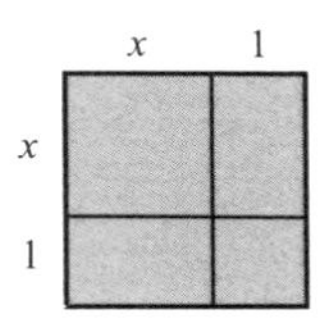

我们可以计算出每个部分的面积：

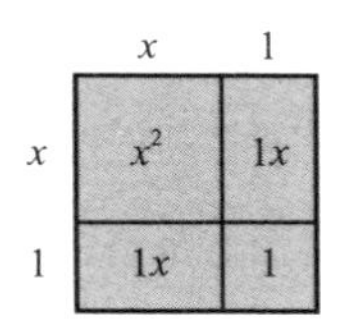

因此就有，$(x+1)^2=x^2+1x+1x+1$。我们可以把$1x$项合并，把式子化简为：

$$(x+1)^2=x^2+2x+1$$

但即便化简之后，又能怎样？我们可以把这个等式的右边和我们要解的方程的左边比较一下，我们会发现：x^2+2x+1和y^2+2y比较相似，只差了1。所以我们能推导出如下等式：

$$y^2 + 2y = (y + 1)^2 - 1$$

为什么要这样大费周章呢？因为我们现在得到的二次方程式只有一边有y，所以我们应该能够像解线性方程一样去求解。我们先写出整个方程式，并把它改写为：

$$y^2 + 2y = 15$$

$$(y + 1)^2 - 1 = 15$$

把等式两边都加1：

$$(y + 1)^2 = 16$$

现在我们需要停下来，回忆一些解题步骤。我们从前文得知，需把两边都取平方根：

$$y + 1 = \pm\sqrt{16}$$

±这个符号提醒我们答案共有两个，16取平方根后，结果是4和–4：

$$y + 1 = \pm 4$$

现在两边减去1：

$$y = \pm 4 - 1$$

这意味着y可以是$-4+1=3$或$4+1=5$。

这两个都是二次方程的有效解，但是只有$y=3$放在矩形面积的计算中才说得通。现在，我们知道y是3，也就可以计算出$y+2$的值。因此，正如我们之前的猜想，可以看到，矩形的两边分别是3米和5米。

因式分解法

如果两个数相乘，结果为0，那么它们其中的一个必须为0。因式分解法的应用就是基于这个原理：

$$\text{如果 } m \times n = 0$$

$$\text{则 } m = 0 \text{ 或 } n = 0\text{，或者 } m \text{ 和 } n \text{ 都等于 } 0$$

对于方程$y^2+2y=15$，我需要做的第一件事就是在方程两边都减去15，等式的值保持不变。方程就变为：

$$y^2+2y-15=0$$

接下来将二次方程分解为两个括号相乘，如（$y+n$）（$y+m$），其中n和m是数字。矩形再一次帮了大忙：

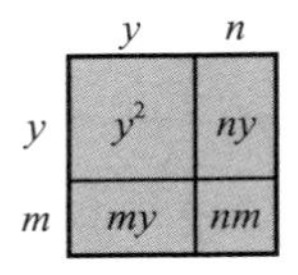

在这里，我们已知（$y+n$）（$y+m$）$=y^2+my+ny+nm$。如果我们把这个式子和等式进行比较，可知$my+ny=2y$，$nm=-15$：

$$\begin{array}{ccc} y^2 & +2y & -15 \\ y^2 & +my+ny & +nm \end{array}$$

所以，我们需要找出的两个数字相加等于2，相乘等于-15。两个数相乘得负数、相加得正，只有一种可能，那就是两个数分别是一个较大的正数（使和为正）和一个较小的负数（使积为负）。在这个例子中，如果$m=-3$，$n=5$，是可行的。$m+n=-3+5=2$，$mn=-3\times5=15$。我们现在知道：

$$y^2+2y-15=(y-3)(y+5)=0$$

对于这种情况，要么$y - 3 = 0$，要么$y + 5 = 0$。这是两个非常简单的线性方程，我可以心算求解：y等于3或-5，这与我们使用完全平方法时得到的结果一致。同样，这两个都是有效解，但是只有$y = 3$时，矩形才有实际意义。通常，通过因式分解法来解二次方程，我们需要寻找两个数字，这两个数字的和等于y项前面的数，而乘积等于常数项（即没有y的项）。用括号围住它们，分别让每一个式子都等于0，就大功告成了。

公式法

有时，完全平方法和因式分解法无法求解。幸运的是，我们可以用公式法来完成二次方程的求解。婆罗门笈多是一位印度数学家，他是第一个用公式法来求解二次方程的人，他的公式是文字，而不是字母，距笛卡儿的标记法有1 000年之遥。但不管怎样，对于$ay^2 + by + c = 0$这样的二次方程，它的解是：

$$y = \frac{-b \pm \sqrt{b^2 - 4ac}}{2a}$$

式子看起来很吓人，但实际上用起来并不难。我们要求解的方程是$y^2+2y-15=0$，所以我们已知$a=1$，$b=2$，$c=-15$。将这些代入公式后，可以得出：

$$y=\frac{-2\pm\sqrt{2^2-4\times1\times(-15)}}{2\times1}$$

$$y=\frac{-2\pm\sqrt{4-(-60)}}{2}=\frac{-2\pm\sqrt{64}}{2}$$

$$y=\frac{-2\pm8}{2}$$

$$y=\frac{-2+8}{2}=3\text{ 或者 }y=\frac{-2-8}{2}=-5$$

这里有两点要注意。第一，这个公式可以用来解二次方程，并且是一元二次方程。你也可以用完全平方法和因式分解法解题，但是可能有点儿复杂。第二，如果b^2-4ac的得数是负值，则无法求出结果，这意味着二次方程没有解，或者叫没有实数解。数学家把-1的平方根称作i，但它是虚数。使用这种方法可以得到各种有趣的结果，在电子学和量子物理学等领域中具有意想不到的应用。

词汇总结

如果你想继续学习代数，下面这些关键词很有用。有一些前面已经出现，但在这里总结一下。

关键词	定义	样例
系数	未知要素前面的数字	在$3x^2$中，3是x^2的系数
表达式	不带等号的代数式	$3x^2+2x-5$
项	表达式的一部分	$2x$是上述表达式中的一项
方程	代数式中如有等号，就可能有解	$3x^2+2x-5=0$是一个二次方程
公式	一个反映了某个物理规则且包含变量的方程式	在$E=mc^2$中，E代表能量，m代表质量，c代表光速
恒等于	无论方程式中各变量如何变化，方程式都成立，“≡”表示恒等于	$a(b+c)\equiv ab+ac$一式表示a、b、c为任意值时，方程的左右两边均为恒等关系

笛卡儿与苍蝇

笛卡儿并不是第一个用字母表示未知数的人，但是在其著作《几何学》（1637）中，他第一次提出了现代代数方法。在研究中，笛卡儿第一次把数学的两个领域——几何和代数联系在一起。他用代数方程表示几何图形和线条。传说，笛卡儿躺在床上看苍蝇在天花板上飞来飞去时，想到了$x-y$坐标系（被后人称为笛卡儿坐标系）。他希望能够准确地描述苍蝇的位置，所以选择天花板的一个角落作为起点（或0点），并使用两个数字作为坐标来定位，很像游戏《超级战舰》中的场景。

第 15 章　优化

现实生活中，我们会面临许多优化问题，我们总是想把一些事情做得尽可能大（通常是利润、销量、访问量或点击率），而将另一些事情做得尽可能小（成本、时间）。如果某个问题可以用代数来描述，那么我们很有可能也可以用代数的方法来找到理想的解决方案。

有一个古老的传说，一个骑士有很多个儿子，他送给儿子们的结婚礼物是，用100码[①]长的绳子去圈住尽可能多的土地，能圈多少就得到多少。他规定儿子们可以用现有的篱笆作为边界，但围成的区域必须是矩形。

① 1码≈0.9米。——编者注

他的某个儿子是一名数学天才。他是如何圈住最多的土地的呢？我们可以对这种情况做如下的分析：

我们知道绳子有100码长，所以有，宽+长+宽 = 100。如果我使用w表示宽，l表示长，刚才的式子就可以转换成：$2w + l = 100$。由图可知，长是$100 - 2w$，我们将在下面用到这个条件。

我们还需要将面积最大化。面积是长乘以宽，如果我把面积用A表示，则有：

$$A = wl，且 l = 100 - 2w$$

$$所以，A = w（100 - 2w）$$

于是，我们得到了面积的计算公式，面积的大小取决于宽度值。这时，我可以尝试不同的w值，看看哪个数才能得到最大的面积，但是我还是不能确定是否得到了最大值，除非我把所有可能存在的数都试一次。我们可以通过绘制图表来解题：

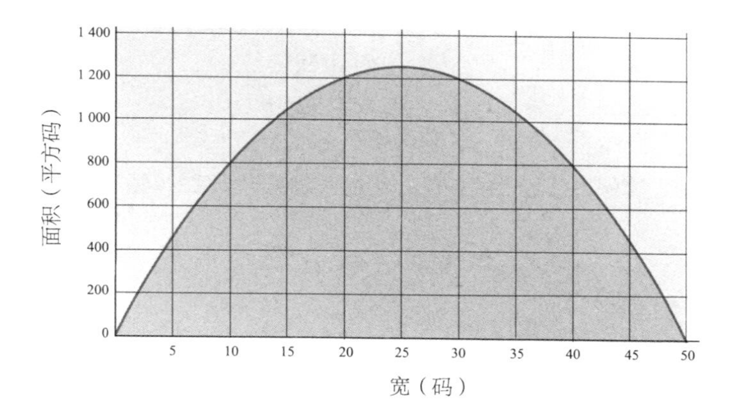

从上图可以看到，面积绝对有一个最大值：当w是25码时，面积是1 250平方码。这种解题法被称为图形解决方案，但是是否可以用解析法找到答案呢？

再次完全平方

如果我把上述方程式的括号展开，就会推导出：

$$A = 100w - 2w^2$$

这是一个二次方程，所以应该能用完全平方法来求解，但是我想把它重新整理一下：

$$A = -2w^2 + 100w$$

$$A = -2（w^2 - 50w）$$

这使得括号内的各项，看起来很像前一章的例子：

$$w^2 - 50w =（w - 25）^2 + c$$

在这里用了“$+c$”，因为我知道要使方程成立，需要增加一个数。

$$（w - 25）^2 =（w - 25）（w - 25）= w^2 - 50w + 625$$

展开括号的平方后，等式的右边多了625一项。这一项是多余的，但是如果$c = 625$，就可以抵消了：

$$w^2 - 50w =（w - 25）^2 - 625$$

如果我把这个式子代回原来的方程式中（使用括号的平方形式可以让式子更清楚），并重新排列一下，可得：

$$A = -2(w^2 - 50w)$$

$$A = -2[(w - 25)^2 - 625]$$

$$A = -2(w - 25)^2 + 1\ 250$$

下面我们将见证魔法的时刻。当我们把二次方程转换为完全平方的形式后，我们就可以求出面积的最大值或最小值了。面积公式由两部分构成：“$-2(w-25)^2$”，以及正数“1 250”。因此，为了使面积最大化，我需要尽量减少负数部分，因为正数部分是无法改变的。而括号内的部分是个平方数，且所有平方数都大于或等于0，所以我必须使括号内的数取最小值0（当$w = 25$时）。这说明，当$w = 25$码时，可以得出最大面积是1 250平方码。这时，骑士的儿子可以得到最大面积（宽25码、长50码）的长方形土地。

这个过程很微妙，希望你能理解最终结论中的逻辑。完全平方只适用于二次方程，那么如果是二次以上的方程，该如何求解呢？

微积分

微积分可以使我们观察到数值的变化情况。微分让我们得到一个值的变化率，并且显示出最大值和最小值，且无须绘制图形。

梯度的概念和梯度上的最大值和最小值是微分的关键。想象一下，你在数学高地散步，所有的山丘都呈现出平滑的曲线。你把大部分时间都花在上坡了，梯度为正。当然，下坡也需要花费时间，梯度与行进方向相比是反的。在山顶，也就是行程中的最高点，你将处于水平状态，但很快将由上升转为下降，反之亦然。微分帮助我们找到了梯度为0的点。

微分计算的原理和过程已超出了本书的范围，你可以在英国高中教科书中了解更多。

假设你今天计划在一座立方山体中徒步旅行10千米。

立方方程是指带有x^3项的方程，我们这座山可以用下面这个公式描述，其中x表示距起点的水平距离，y表示距起点的垂直距离：

$$y = 2x^3 - 15x^2 + 24x + 10$$

下面我们用微分计算出山顶和山谷的位置。

微分可以用最简单的形式把一个方程转化为梯度方程。要做到这一点，我可以按照以下规则将含有x的项改写：

$$x^n \text{变成} nx^{n-1}$$

按照这个模式，x^3变成$3x^2$，x^2变成$2x$。记住，x就是x^1，所以当我们求微分时，x就变成$1x^0$。对于方程中的10这一项，并不包含x，所以这一项变成0。于是，整个方程（记住$x^0 = 1$）就变成：

$$\text{梯度} = 2 \times 3x^2 - 15 \times 2x^1 + 24 \times x^0 + 0$$

$$\text{梯度} = 6x^2 - 30x + 24$$

我们知道，山顶和谷底的梯度为0：

$$6x^2 - 30x + 24 = 0$$

我们对于这个二次方程式也很熟悉了，有多种方法可以求解。无论你用哪种方法，你都会发现当$x=1$或4时，方程成立。那我们怎么知道哪个是山顶，哪个是谷底？我可以将这两个值代入原始方程，比较结果看哪一个是最高的：

$$y = 2x^3 - 15x^2 + 24x + 10$$

如果$x=1$，$y = 2\times1^3 - 15\times1^2 + 24\times1 + 10$

$$y = 2 - 15 + 24 + 10$$

$$y = 21$$

如果$x=4$，$y = 2\times4^3 - 15\times4^2 + 24\times4 + 10$

$$y = 128 - 240 + 96 + 10$$

$$y = -6$$

因此，我们可以看到，第一个值对应山顶的位置，第二个值对应谷底的位置。

牛顿与莱布尼茨

微积分除了可以计划徒步旅行外，还有许多用途。自从17世纪人们发明了微积分起，它已经成为数学中最重要的领域之一，解决了许多问题。然而，在当时，数学界的两大巨头曾争论是谁先提出了它，这给英国和欧洲大陆的数学之间造成了长久的裂痕。

在英国某地，有一位众人皆知的绅士——艾萨克·牛顿爵士，他曾观察下落的苹果，同时，他还是炼金士、剑桥大学教授、国会议员、皇家造币厂厂长及皇家学会主席。

在德国某地，有一位天才、哲学家、外交家、机械计算器的发明者、二进制的推广者和永恒的乐观主义者，他的名字是戈特弗里德·莱布尼茨。

这两位绅士几乎在同一时间各自发明了微积分。莱布尼茨首先发表了自己的想法，但是牛顿声称莱布尼茨的想法是窃取的，得自牛顿在皇家学会发表的论文（莱布尼茨是该学会的成员）。两位知名学者借助措辞强烈的书信和散发的小册子展开了唇枪舌剑。

但还没等到有最后的结论，莱布尼茨就去世了。我们今天再来看这件事，很显然，两个人都具备了发明微积分的数学才能，而且他们都会阅读其他数学家的著作去寻找灵感。但值得一提的是，莱布尼茨使用的记号保存至今。

第16章　算法

算法与计算机科学密不可分，但算法的起源要比计算机更古老。算法指的是一组指令。你输入一个数字或多个数字，它们将按照一系列程序产生相应的输出。虽然算法不一定都是代数问题，但是因为大多数算法都使用变量作为输入，所以我在这里将做一些介绍。

俄罗斯农夫法

下面这个例子有时被称为俄罗斯农夫法，但有证据表明，其实这种算法出现的时间更早。如果我想计算35乘以

47的值，根据该算法需选取两者中的较小数并减去一半，并舍去余数：

35

17

8

4

2

1

下一步是把较大数每次乘以2再生成一列数。

35	47
17	94
8	188
4	376
2	752
1	1 504

然后划掉左列为偶数的所有行：

35	47
17	94

~~8~~ ~~188~~

~~4~~ ~~376~~

~~2~~ ~~752~~

1 1 504

把右列中剩下的数加在一起，就可得出答案：

$$47 + 94 + 1\ 504 = 1\ 645$$

所以我们知道，$35 \times 47 = 1\ 645$。

太棒了！这种算法在计算两个数字相乘时，只用到了乘以2、除以2和求和，对于不懂得乘法表的俄罗斯农民来说可能是最理想的方法了。这种将复杂的任务分解成一系列简单计算的方法也适用于计算机编程。实际上，大多数程序员都在花费时间教会计算机算法以达到某些结果，比如计算乘法、给列表排序，以及过滤自拍照，让你看起来更年轻。

计算机程序

第一个真正的计算机程序是一个用来计算伯努利数的

算法，这个数列很难用手工计算。令人惊奇的是，这个程序在计算机被使用前很久就写出来了。一位非凡的英国女性阿达·洛芙莱斯（Ada Lovelace，1815—1852）在与丈夫查尔斯·巴贝奇（Charles Babbage，1791—1871）一起设计蒸汽动力计算机（分析机）时，写出了这个程序，虽然他们的计算机并没能获得成功。她没把这个机器看作一台纯粹的计算机，而是认为任何可以被数字编码的东西都可以通过它来操作，包括音乐、图片和字母，这是对我们今天所使用的计算机的准确预测。

电子计算机的发明和制造为人类的很多问题节省了大量时间。图灵的“炸弹”计算机就是一个很好的例子。第二次世界大战期间，布莱奇利公园用它来破译由恩尼格玛机加密的纳粹密码。

这里涉及的概念相对简单。恩尼格码机就像一个超级代码轮，如果你在键盘上输入一条信息中的一个字母，机器就会通过三个代码轮（称为转子）传递这个字母，并显示出已加密的版本。其中的诀窍是，每输入一个字母之后转子会变化，这意味着每条消息的每个字母都是用不同的密码加密的。除非你知道每一个转子的初始位置，否则几乎没有希望读取该信息。

图灵的“炸弹”恰恰利用了恩尼格玛系统的唯一缺陷，那就是一个字母永远不会被加密为这个字母本身。“炸弹”会尝试每种组合，以确定转子的起始位置，看看是否会导致字母被加密后不变，从而消除特定的设置。这是一种简单的算法，但由于恩尼格玛机可能的起始位置数量众多，转子的种类也多，再加上会用到其他一些技巧，所以产生了一共1.59×10^{20}种可能的设置。对于这项任务，计算机可以出色地完成工作，速度比人快很多倍。

今天，正是由这些算法在背后默默支持我们习以为常的系统的运行。当你想从当前位置到达目的地时，计算机会使用一种算法计算出最短（无论是在距离上还是在时间上）的路线，通过一系列计算来优化结果。这种最短路径算法被称为迪杰斯特拉算法，以荷兰计算机科学家艾兹格·迪杰斯特拉（Edsger Dijkstra，1930—2002)的名字命名。你在因特网上发送的所有信息，都会用算法来保证其安全性。当我们用电子表格来给字母或数字排序时，就会用到排序算法。每当你在电话中或互联网上与某人交谈时，傅立叶变换算法都会将声音和图像数字化，这种算法得名自法国人约瑟夫·傅立叶（Joseph Fourier，1768—1830），他在温室效应未被发现的情况下，对振动的数学本质做了大量的研究。网络链接分析是一种使用各种算法在数据之间建立链接的技术。它影响到许多领域，比如搜索引擎选出最适合你的结果，社交媒体的应用程序，广告的展示，营销和医学研究，以及警察整理和交叉对比证据等。

然而，计算机科学家和数学家的工作还没有完成，仍然有一些问题缺乏有效的算法来解决。

装箱问题和旅行售货员问题

将物品从某地高效而廉价地运输到另一地，是现代零售业的基石。尤其是现在，我们越来越多地在网上购买东西，物品会被运到我们的住处。因此，对于零售商来说，如果无法找到装载卡车的最好方法，也无法为司机提供最短的路线，是非常令人恼火的事情。

我们知道，装箱问题就是要找到将已知体积的多个包裹装入给定空间（运货卡车的后部）的最佳方法。这里的问题是，有没有简单一点儿的方法来决定哪个才是最好的方法？最大的优先装还是最小的优先装？还是有其他标准？分析每一种可能的组合，然后选择最好的配制，通常要花费很长的时间来计算。

假设你已以某种合理的方式装车，那接下来如何确定运送所有包裹的最佳路线呢？

爱尔兰数学家威廉·罗恩·哈密顿（William Rowan Hamilton，1805—1865）和英国牧师托马斯·柯克曼（Thomas Kirkman，1806—1895）率先提出了这个问题，这个问题也被称为旅行售货员问题。他们假设有一个售货员需要绕过某些城镇，再以最短的路线回到工厂，而不必再经过任何城镇，如何计算他的最佳路线呢？哈密顿在1857年设计了一个棋盘游戏来说明这个问题，这个游戏叫作顶点游戏（Icosian Game）。时至今日，你仍然可以下载这个游戏的应用程序。

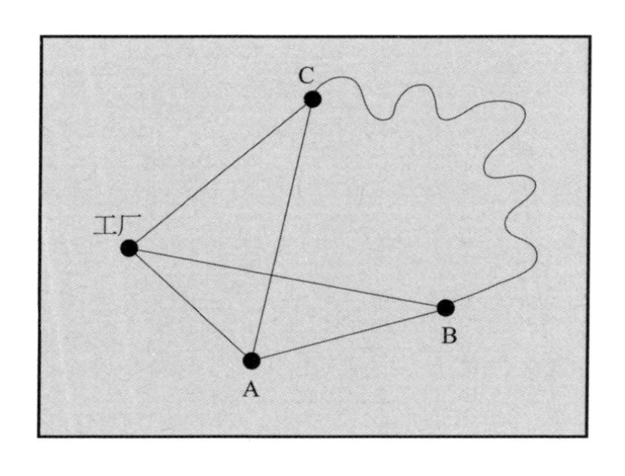

人们很快认识到，现有的算法有时不一定会给出正确的路线。例如，最近邻域算法可以让你到达最近一个未被访问的城镇，但你到达下一个城镇的路程可能就会加长。

在上面的例子中，最近邻域算法将使你从工厂到达A，然后到达B，此时你已别无选择，只能通过漫长而曲折的道路到达C。但其实更合理的路线是：工厂—C—A—B—工厂。

所以，为计算最短路线，应将所有路线都一一列出。在这个例子中，有三个城镇要造访，情况还不算复杂：

工厂—A—B—C—工厂

工厂—A—C—B—工厂

工厂—B—A—C—工厂

工厂—B—C—A—工厂

工厂—C—A—B—工厂

工厂—C—B—A—工厂

仔细看，你会发现某些路线是可逆的，如第一条和最后一条路线，所以我们把这两种情况视为一条路线。如果不考虑方向，上述6条路线可以合并为3条。

为了直接计算路线的数目，可以考虑从工厂出发到城镇，我先是有三条路线可选，然后有两个未到的城镇，接着是一个未到的城镇，最后回到工厂。所以，一共有 $3\times2\times1=6$ 条路线可选，但其中有一半是可逆路线。

在数学中，$3\times2\times1$ 可以化简为3!，称为3的阶乘。如上例，我将有 $3!\div2$ 条路线可以选择。而如果我要去20个城镇，那么将有 $20!\div2$ 条路线可以选择：

$$\frac{20!}{2}=\frac{20\times19\times18\cdots\times3\times2\times1}{2}\approx1\ 216\ 451\ 000\ 000\ 000\ 000$$

这个数字与恩格尼玛机上的设置数量大致属于一个数量级。如您所见，阶乘值增长得很快。数学家称这类问题为非确定性多项式问题，即NP问题。用行话来说就是，随着所涉及的事物数量的增加，组合的数量也成倍增长，这就大大增加了需要考虑的组合数量，从而也使计算最优结果的时间加长。

有一些算法可以在合理的时间内给出接近最优结果的答案。这些启发式的算法类似于我们自行查看地图并规划路线的过程：我们可能没有找到最完美的路线，但已经找到的路线可行且花费不了多长时间，所以也是较好的选择。如果你能想出一个有效的算法，即在不检视每一种可能组合的前提下找到最优的解决方案，肯定会有很多公司愿意购买这个算法的。

第 17 章　公式

本书的公式非常多，公式是数学应用的一个基本部分，想甩却甩不掉。在这一章中，我们将仔细研究更多的公式，并思考它们的运算法则。

重排公式

下面这个公式可将摄氏温度（用 C 表示）转换为华氏温度（用 F 表示）：

$$F=\frac{9C}{5}+32$$

这里，F是公式的主要元素，当输入一个C值时，便可得出一个F。如果我们想把一个华氏温度换算成摄氏温度呢？在读旧版的烹饪书时，这种换算尤为重要。

这种换算与解方程非常相似。整个过程几乎是一样的，但是最后得到的不是一个值，而是一个重新排列的公式：

$$F = \frac{9C}{5} + 32$$

$$(-32)$$

$$F - 32 = \frac{9C}{5}$$

$$(\times 5)$$

$$5(F - 32) = 9C$$

$$(\div 9)$$

$$\frac{5(F-32)}{9} = C$$

这个新公式与第一个公式相反，两者可逆。例如，如果$C = 25$摄氏度，那么就有：

$$F = \frac{9 \times 25}{5} + 32 = 77$$

由上式可知25℃等于77℉，如果将其代入新公式，就可知：

$$C = \frac{5 \times (77-32)}{9} = 25$$

77℉等于25℃，又回到我们开始的地方了。

迟到的意外

美国数学家乔治·丹奇格（George Dantzig，1914—2005）在上大学时，有一次上课迟到了。他看到黑板上有两个问题，以为它们是讲师布置的任务。他按时交了作业，当讲师告诉他这不是作业，而是数学研究中两个悬而未决的问题时，他非常惊讶。然后，他被告知他的解题方法已经达到博士论文的水平了。

数列

数学家总是想把某种具体情况推衍至通用情况。在上面的例子中，25℃等于77℉就是一个具体的例子，而通过公式我可以计算出任何值。

数学家总是对数字形成的规律很感兴趣。下面是一个非常简单的例子：

$$2, 4, 6, 8, 10, 12, 14, 16, 18, 20\cdots$$

这是一组偶数，或者也可以看成2的倍数。你可以继续按顺序往下写，逐个数字加2。数列中的数字被称为项。数列中的第一项是2，数学家把它写成$t_1 = 2$。我在这里用t表示，但是也可以选择其他符号。第二项是4，所以$t_2 = 4$，后面依次是$t_3 = 6$，$t_4 = 8$。

下面我们要从具体情况推衍到通用情况。我在前文中说过，前一个数加上2可以得到下一个数。对于数列中的第n项t_n，我们可以根据以下的公式计算出下一个数：

$$\text{下一个数} = \text{当前数} + 2$$

$$t_{n+1} = t_n + 2$$

这就是数列的归纳性。然而，第一个数的设定决定了整个数列。如果$t_1 = 2$，就会得到偶数数列，但是如果$t_1 = 1$，则得到$1, 3, 5, 7\cdots$这个数列，即奇数数列。

斐波那契数列就是一个非常著名的数列：

$$1, 1, 2, 3, 5, 8, 13, 21, 34\cdots$$

这个以斐波那契命名的数列，规则是将前两个数相加，得到下一个数。即：$t_{n+1}=t_{n-1}+t_n$，且$t_1=1$，$t_2=1$。

这些数字在自然界中很常见，特别是在植物中。茎和根上的枝条数量通常会形成斐波那契数，或者花的种子穗以及菠萝、松果中的螺旋图案上也有。虽然这些归纳公式可以描述整个数列，但要想计算靠后的数，我们还需要计算中间的各项。如果我想知道第1 000个数，该怎么办？为此，我需要写出表示第n项的公式。

对于偶数数列，我们可以看到每个数都遵循一种规律。$t_1=2$，$t_2=4$，$t_3=6$，$t_4=8$，每一项始终是项数的两倍，所以有$t_n=2n$。

利用这个公式，我们可以直接计算出第1 000项的值：$t_{1\,000}=2\times 1\,000=2\,000$。你能算出斐波那契数的第$n$项公式吗？可以，但是稍微复杂一点儿。偶数数列的计算相对容易，因为每一次都增加相同的量，但斐波那契数每次增加的量不同。

回到φ

我们在前文中得知$\varphi=1.618\,033\,98\cdots$这与斐波那契数有什么关系？如果你把斐波那契数的连续项相除，我们会看到：

$$1 \div 1 = 1$$

$$2 \div 1 = 2$$

$$3 \div 2 = 1.5$$

$$5 \div 3 = 1.666\ 66\cdots$$

$$8 \div 5 = 1.6$$

$$13 \div 8 = 1.625$$

$$21 \div 13 = 1.615\ 38\cdots$$

$$34 \div 21 = 1.619\ 05\cdots$$

$$55 \div 34 = 1.617\ 64\cdots$$

得到的值在φ附近徘徊。如果我直接跳到斐波那契数中的第19项和第20项，可知：

$$6\ 765 \div 4\ 181 = 1.618\ 033\ 96\cdots$$

这个数与φ的小数点后7位都相同，所以很明显斐波那契数与黄金比例之间存在着某种关系。

为了解释φ的值，我们可以再看一下那个漂亮的矩形。如果我假设矩形的长边是φ，短边是1，那么我可以把它标记如下：

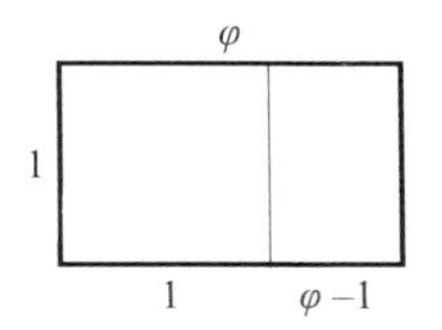

黄金比例的规则之一是较小的矩形也具有相同的比例。大矩形的两条边长分别为φ和1。较小的矩形两条边长分别是1和$\varphi-1$。因此，如果把每个矩形的长度除以它的宽度，就可以得到等价分数：

$$\frac{\varphi}{1}=\frac{1}{\varphi-1}$$

任何事物除以1都等于该数本身，所以：

$$\varphi=\frac{1}{\varphi-1}$$

这个式子我们是可以求解的。我们需要把所有字母组合在一起，所以两边同时乘以分数的分母：

$$\varphi(\varphi-1)=1$$

将括号内的式子展开：

$$\varphi^2-\varphi=1$$

这是一个二次方程。为使它等于0，我将两边同时减去1：

$$\varphi^2-\varphi-1=0$$

这个二次方程不易分解，所以只能用完全平方法或公式法求解。由于这一章讲的是公式，所以我选择后一种方法：

$$\varphi=\frac{-(-1)\pm\sqrt{(-1)^2-4\times1\times(-1)}}{2\times1}$$

$$\varphi=\frac{1\pm\sqrt{5}}{2}$$

由此式可得$\varphi=1.618\ 033\ 988\ 7\cdots$或$-0.618\ 033\ 988\ 7\cdots$。因为长方形的长度不能为负数，所以我们可以去掉第二个负值。

下面我们回到斐波那契数列的第n项表达式问题。亚伯拉罕·棣美弗（Abraham de Moivre，1667—1754）是法国新教徒，他为了逃避迫害而移居伦敦。在伦敦，他遇见了艾萨克·牛顿，两人成了朋友。牛顿如果被数学题难住了，就会找棣美弗帮忙！棣美弗率先公布了斐波那契数列的公式：

$$F_n = \frac{\varphi^n - (1-\varphi)^n}{\sqrt{5}}$$

令人惊讶的是，该公式用了两个无理数（φ和$\sqrt{5}$）来生成斐波那契数。

棣美弗的预言

棣美弗活到了87岁的高龄，这在那个时代并不多见。然而，传说中他发现自己每晚的睡眠时间在不断加长，并预言当他的睡眠时间比清醒时间更长时，他就会死去。他计算出了具体的日期，并正好在那一天死去。

三体问题

如果你想成为一名杰出的天文学家，正确理解公式是至关重要的，许多数学家曾涉猎天文学。虽然三体问题以前被提出，但是牛顿在他的巨著《自然哲学的数学原理》中第一次正式阐述了三体问题。这个问题中涉及三个物体在空间中的运动以及它们之间的引力是如何相互影响的。我们在讨论乘方时讲到了这个公式，这里我们再次把它列出来：

$$F=\frac{Gm_1m_2}{r^2}$$

牛顿万有引力定律是指，任意两个物体之间的引力等于它们的质量乘积（$m_1 \times m_2$）除以它们之间的距离的平方（r^2），再乘以引力常数（G）。事实证明，要计算两个物体的运动很容易，比如地球围绕太阳的运转。如果加入第三个物体，比如月球也围绕地球运行，那涉及的数学运算就变得有些复杂。随着不断向系统中增加物体，控制方程就变得越发复杂，以至无法用解析方法求解。你将无法用代数方法来解方程，但是可以通过一些其他的技巧，找到适合方程的解。但这通常是非常耗时的，好在现在可以让计算机为我们做这些事情。

结果就是，对于太阳系中的物体，不管是行星、月亮、卫星，还是小行星等，由于互相之间的引力影响，轨道都会稍微摆动。

天文学家非常善于观察行星的摆动，并用它们来推断太阳系中其他天体的存在。1846年，法国巴黎天文台的奥本·勒威耶（Urbain Le Verrier，1811—1877）经过几个月的计算，对比天王星的实际轨道与根据太阳系当时的模型预测的轨道差值推断出海王星的存在。之后，他的计算被用来观测行星。海王星的数学发现被认为是19世纪最伟大的科学成就之一。

有趣的是，勒威耶继续观察水星的摆动，它预言了另一颗行星的存在，这颗行星被称为瓦肯星。然而，没有人能找到它。直到1916年，阿尔伯特·爱因斯坦才提出该摆动是由于接近太阳所产生的广义相对论效应。

天文学家继续观测海王星，并在统计数字中发现它也受到另一个尚未发现的天体的影响。1930年，美国的克莱德·汤博（Clyde Tombaugh，1906—1997）通过比较望远镜拍摄的相隔两周的夜空照片，发现了冥王星。它很小，且它的存在不足以解释海王星和天王星轨道受到的扰动。冥王星被发现也是由于人们一开始高估了海王星的质量。

如按质量排序，冥王星排在太阳系中的第17位，甚至连月亮也比它重。2006年，国际天文学联合会正式给出行星的定义，而冥王星不是很符合。因此，冥王星和其他几颗星体，如阋神星（Eris）和赛德娜（Sedna）等都被归为矮行星。

但是，克莱德·汤博的一部分骨灰还是由“新地平线号”探测器搭载，于2015年到达冥王星附近。

赛德娜的轨道非常奇怪，当我们用数学分析它和其他几颗遥远的矮行星时，发现可能存在第9颗行星，它比地球大4倍，轨道与太阳系成直角。数学方法确实可行，我们现在要做的就是找到它！

诺特和米尔扎哈尼

数学是一个历史上由男性主宰的领域。毫无疑问，这是由于教育和机会的不平等，而不是由于性别之间的神经学差异造成的。幸运的是，这种情况正在慢慢地改变，但这确实意味着任何在数学方面有所建树的女性都必须是真正的佼佼者。

德国人埃米·诺特（Emmy Noether，1882—1935）被许多人（男性和女性，甚至包括爱因斯坦）认为是有史以来最优秀的数学家之一。尽管有能力和资历，但她在大学教书却没有报酬，还要以男同事的名义做助教。在教学时，她提出了诺特定理，对物理学产生了深远的影响。

玛利安·米尔扎哈尼（Maryam Mirzakhani，1977—2017）是一位伊朗数学家，是菲尔兹奖的第一位女性获得者，菲尔兹奖是数学界的最高奖项（诺贝尔奖不包含数学奖）。从伊朗大学毕业后，她移居到了美国，在那里她的几何学研究为她赢得了崇高的声誉。她死于癌症，逝世时年仅40岁，是伊朗媒体上极少露出自己头发的女性之一。

第四部分
几　何

第18章　面积和周长

几何学在古希腊语中是“土地测量”的意思。在很长一段时间里，几何学一直是数学中最实用的领域之一。我们经常把古代文化与其留下的标志性建筑联系起来，几何学就是这些建筑的基石。

下面我们将简要浏览一下几何的基础知识。

角度

我们通常用直线上的两个点为这条直线命名。例如，如果两条直线AB和CD相交于E，我可以表示如下：

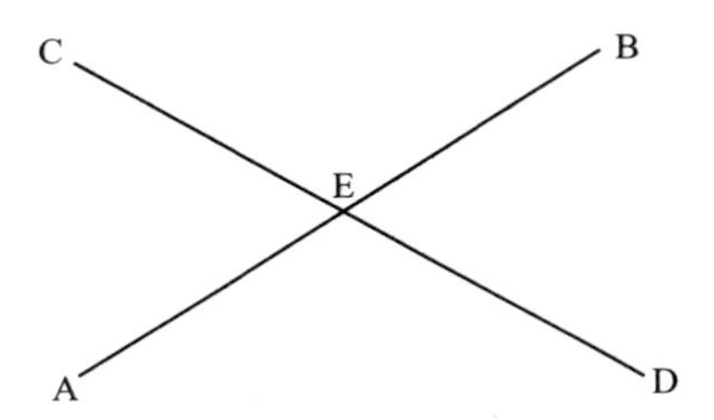

E点上有4个角，我们通常用两条线描述一个角度。下图标记的角度是从A到E再到C构成的，所以这个角被称为角AEC，或表示成∠AEC。而且∠CEA与∠AEC是一回事。

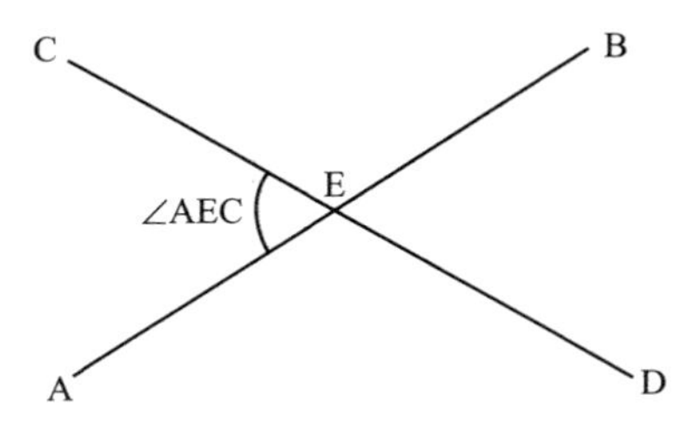

古代美索不达米亚人使用以60为基准的系统，从一点出发的角度最大值为360度。一条直线将一个点或顶点（如E）一分为二，每边分别是180°。经过E的两个角∠AEC与∠BED相等。这样两个相对的角叫作对顶角。

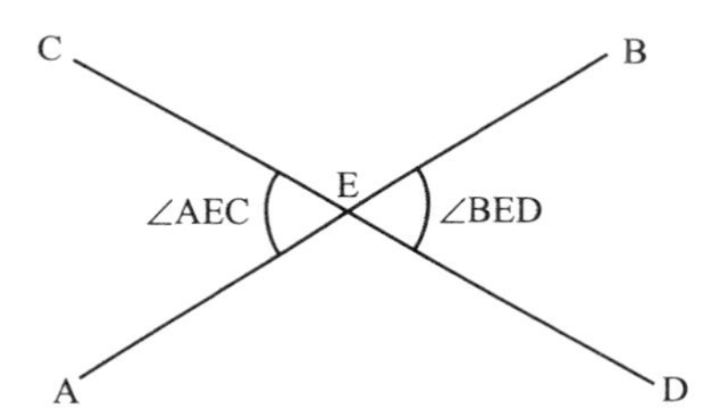

虽然我们不知道图中的角度值，但是我可以说∠AEC和∠BED都是锐角，两者都小于90°，而∠CEB和∠AED则在90°和180°之间，被称为钝角。大于180°的角被称为反射角。

平行线

平行线之间的距离总是相等，且永不相交。如果我们让一条线穿过一对平行线（用箭头表示），我们可以了解到更多关于平行线的特征：

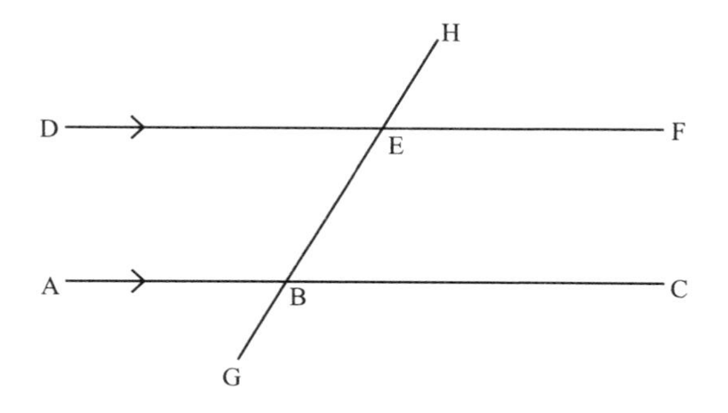

直线GH与平行线DF和AC相交于E和B两点上。在每个交点上，相同位置的角是相等的，也被称为同位角，例如∠HEF和∠HBC：

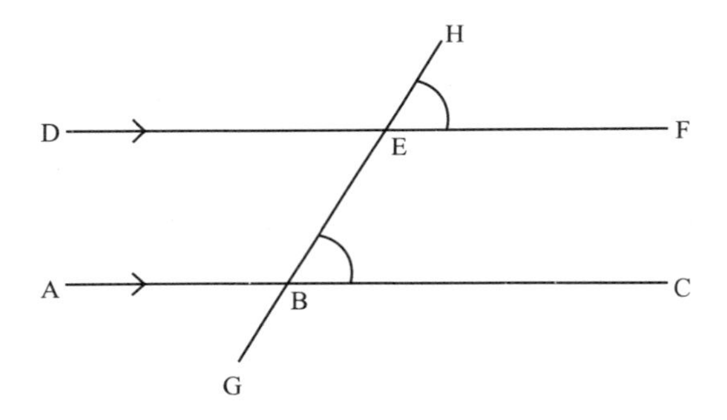

我们可以看到，∠HEF和∠BED是一对对顶角，所以两者一定相等。所以，我们得出∠BED和∠HBC也一定相等，它们被称为内错角。

希腊人的贡献

几何最初只是一项基于工程的实用研究，但它很快就进入了理论研究领域，特别是当有哲学思想的希腊人介入之后。泰勒斯（约前624—约前547）、毕达哥拉斯（前580至前570—约前500）和欧多克斯（约前390—前337）都有所建树。而居住在埃及的希腊人欧几里得（活动时间约前300年）则被尊称为几何之父。

为什么是他而不是其他人？答案是他写了一本畅销书。

他的《几何原本》被认为是有史以来最伟大的教科书，直到20世纪，它仍被视为知识分子的标准读物。今天，它的大部分内容都散布于学校的数学课本中。数学家把它看作严谨证明的第一例，为后来的证明奠定了基础。欧几里得从显而易见的事实出发，把不需要证明的规律称为公理。例如，两点确定一条直线，或者任意一条直线可以无限延伸。然后，他用这些公理来推衍几何和代数中的定理，并证明它们的正确性。欧几里得认为，三角形的三个内角的和一定是180°，而这个结论的证明仅使用了同位角和内错角的概念。想象在两条平行线中间有一个三角形ABC：

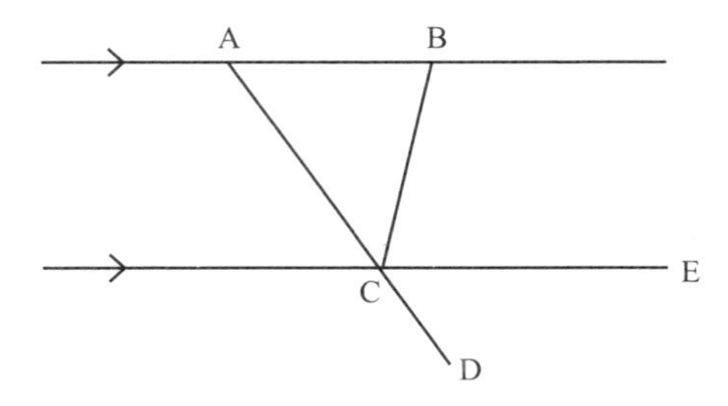

欧几里得认为：

$\angle ABC$和$\angle BCE$是内错角，因此两者是相等的。

$\angle BAC$和$\angle ECD$是同位角，因此也是相等的。

因此，就有$\angle ABC + \angle BAC = \angle BCE + \angle ECD$：

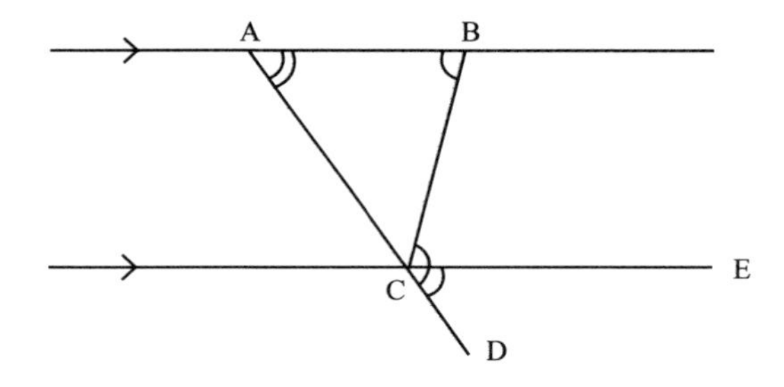

如果我们在方程的两边加上三角形的第三个角，即$\angle ACB$，可以得到：

$$\angle ABC + \angle BAC + \angle ACB = \angle BCE + \angle ECD + \angle ACB$$

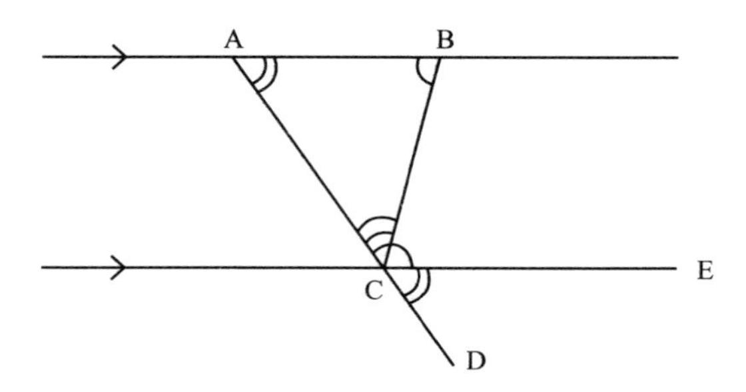

三角形中的各个角之和等于一个平角，因此，三角形中各个内角相加为180°。

周长

周长是指二维形状边缘的长度之和。自从最早的狩猎者定居下来之后，人们就开始对形状产生了兴趣。有证据显示，有些古代文化中已经出现了关于田地大小和形状的数学问题，但这常常是为了向农民征税。

具有直边的形状或多边形的周长是可以直接测量的。但当引入曲线或弧线时，计算周长就变得不那么简单了。你可以用一些软的绳子或线，沿曲线放置，然后再把绳子或线拉直，从而测量长度。然而，数学家更喜欢用公式，因此为了计算圆周长的公式，古代数学家花费了不少时间。

圆

为了求出圆的周长，古代数学家找到了正方形的边长与以该正方形边长为半径的圆的周长之间的关系：

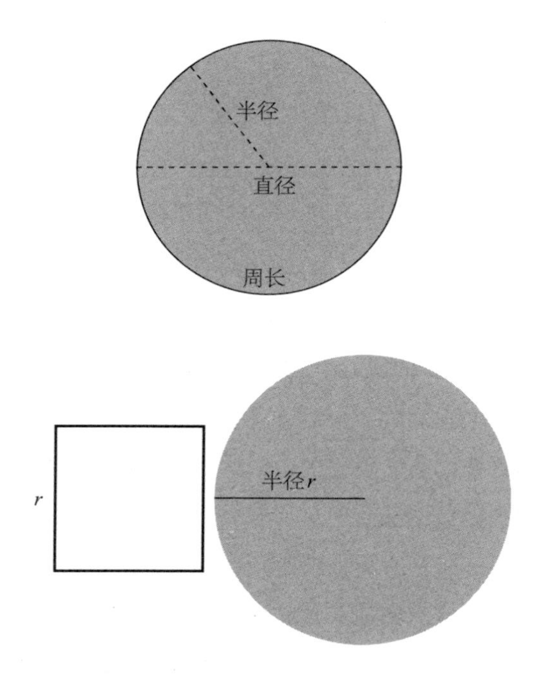

圆的周长是正方形边长的6倍多一点儿：

$$圆周长=半径\times 6倍多一点儿$$

一些数学家建议把6倍多一点儿用一个符号表示，即希腊字母 τ 。如果将直径表示为半径的2倍，上式就变为：

圆周长 = 半径 × 3倍多一点儿

古巴比伦人和古埃及人已经可以比较精确地计算圆和圆弧，并将这些知识用在建筑物上，但首先精确计算圆周长的却是希腊数学奇才阿基米德（约前287—约前212），他的方法是用两个六边形为圆取一个近似值，如下图所示：

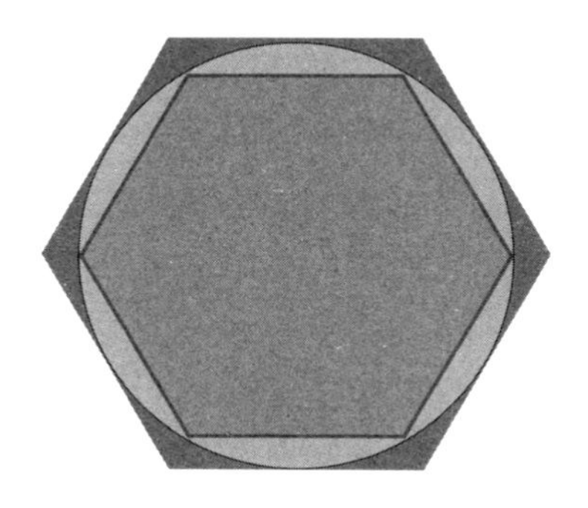

测量六边形的周长比较容易，因为它们的每条边都是直的。阿基米德认为圆的周长介于内切六边形和外切六边形之间。然后，为了使多边形的周长更接近圆周长，阿基米德不断将多边形的边数加倍。当多边形的边增加到96个时，周长大约是直径的$\frac{22}{7}$倍。

长期以来，这个值被称为阿基米德常数，但后来开始使用符号π，它是希腊语中的“圆周”的第一个字母。阿基米德得出的值非常接近真实值，至今在手工计算的数学考试中仍被用作近似值。

因此，对于半径为r或直径为d的圆，我们得到：

$$圆周长 = \pi d = 2\pi r$$

后来的研究表明π是一个无理数，所以我们能做的就是取它的近似值。π也是一个超越数。这种数字不可能是任何一个整系数多项式方程的解。由于很难证明一个数是超越数，所以1882年，德国数学家费迪南德·冯·林德曼（Ferdinand von Lindemann，1852—1939）首次用π表示了这个数。

面积

面积是指平面空间中的某个图形的大小。冯·林德曼用计算表明，你无法用尺规作图画一个面积与圆相同的正方形，这是几何学家自古以来一直未能做成的事情。

当我们购买墙壁或办公空间的油漆时，我们所花的钱与面积是成正比的。计算多边形面积的关键是计算矩形

（长 × 宽）和三角形（$\frac{1}{2}$ × 底边 × 高）的面积。在此基础上，你可以把任何多边形分割成矩形和三角形，从而计算出它的面积。例如：

这个不规则四边形可以被分割成三个三角形和一个矩形。然而，如果我们想计算弧形的面积，就不那么容易了。我们在前文中了解了圆面积的公式，但它是怎么推导出来的呢?

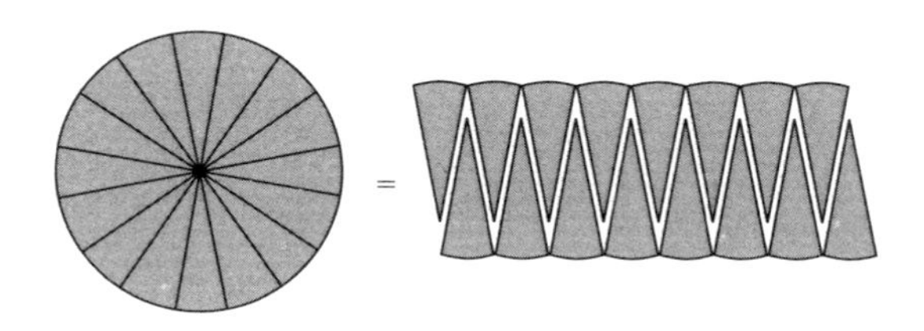

我可以把圆等分，再把它们重新排列成近似矩形的图形。等分得越细致，重新排列后就越接近圆形，最后会与矩形无限接近。我们知道矩形的面积是长 × 宽，矩形的宽是从圆心到边缘的距离，即半径；矩形的长是圆周长的一半，因为矩形的两侧边长加在一起等于圆周长。所以矩形

的面积就是半径 ×（圆周长 ÷ 2）：

$$\begin{aligned}\text{圆的面积} &= \text{半径} \times (\text{圆周长} \div 2) \\ &= r \times (2\pi r \div 2) \\ &= r \times \pi r \\ &= \pi r^2\end{aligned}$$

我们当地的比萨饼餐厅提供几种不同大小的比萨饼，按直径尺寸出售。一个小比萨饼的直径为9.5英寸①，售价13.99英镑。单人份比萨饼的直径是7英寸，售价6.99英镑。请问，哪一种比萨饼更划算？

把它们的面积做比较（结果取小数点后一位），可知：

$$\text{小比萨饼面积} = \pi \times (9.5/2)^2 = 70.9\text{平方英寸}$$

$$\text{单人份比萨饼面积} = \pi \times (7/2)^2 = 38.5\text{平方英寸}$$

两个单人份比萨饼的面积是38.5 × 2=77平方英寸，总共花费13.98英镑，所以比小比萨饼更划算。这样看来，买之前最好先算清楚！

---

① 1英寸≈2.54厘米。——编者注

用微积分计算面积

圆的面积可以用圆面积公式计算，用其他曲线绘制的图形则可以使用积分来计算，积分是微分的逆运算。如果一个曲线可以用一个方程来描述，我们就可以算出它的积分，从而得到另一个方程，这样就可以计算出该曲线所组成图形的面积。

微积分也可以在三维空间中使用，从而计算出像球体一样的曲线形状的体积。但一切都源于毕达哥拉斯，没有他，就没有完整的几何。

不规则形状：有限面积，无限周长

下面是一个可以创建形状的算法。首先，我们从一个正方形开始，然后在每个边的中间再添加一个正方形：

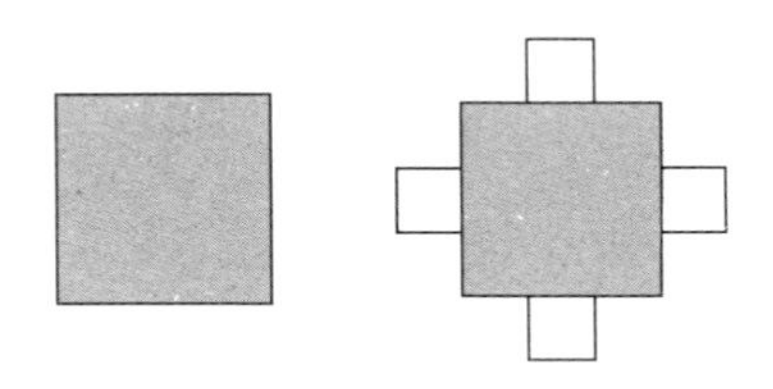

不断重复这个规则：

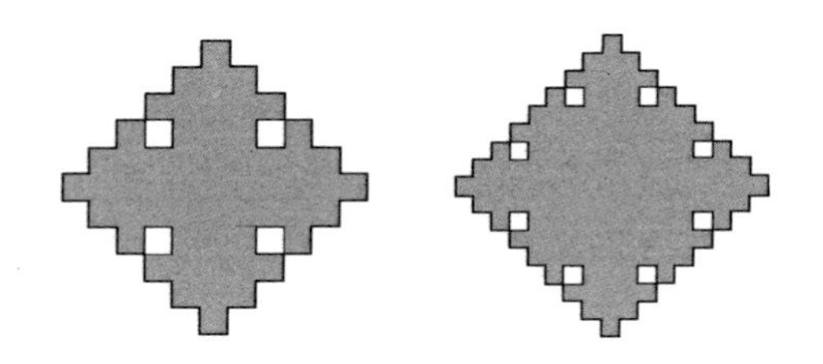

这种不断重复原本形状的模式叫作分形，它们表现出一些非常有趣的特性。如果某个形状的边长增加一倍，我们就说它具有2倍的放大系数。通常，面积会以放大系数的平方倍数增加，因此在本例中是$2^2=4$倍。这是否适用于前面的不规则形状？

在第一次产生分形（称为迭代）时，每条边的放大系数是$\frac{5}{3}$。如果正方形的原边长为3，那么此时的边长就为5：

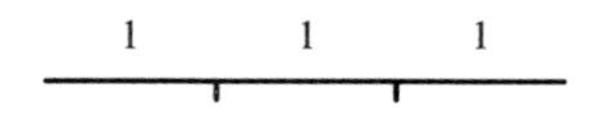

变为：

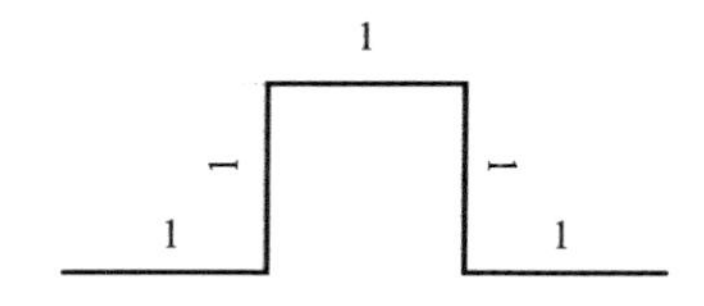

面积从9×（3×3）变为13。如果上述提到的规则是成立的，就应该有：

$$9 \times (\frac{5}{3})^2 = 13$$

也就是说，面积以放大系数的平方倍数成比例增加。但上式的计算中左边的结果是25，等式并不成立。可见，每进行一次迭代，整个图形的边长都增加了，比面积的增加值还多。

其结果是，如果我无限地继续迭代，生成图形的周长趋向于无穷大，但面积是有限的。如果我们在三维空间中做此类迭代，也会发生类似的情况：物体的体积有限，但表面积无限延伸。许多植物和动物都利用了这一点，以无限扩大表面积，如肺和叶片中都存在这种图形。

第 19 章　毕达哥拉斯定理

以毕达哥拉斯命名的定理并非由他一个人发明。从世界各地的文化记录来看，在毕达哥拉斯之前，这一定理就已经在用了。然而，毕达哥拉斯是最先证明这一定理的人之一。

毕达哥拉斯定理与直角三角形相关：

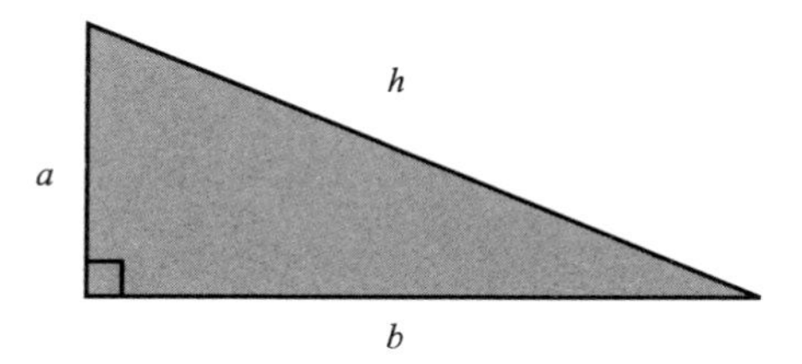

我把两条直角边分别标为a和b，第三条边为h。h是直角三角形中最长的边，也是直角的对边。毕达哥拉斯的证明过程特别优雅，它只通过重新排列三角形就完成了证明过程。

他把4个这样的三角形排列成两个面积相等的正方形：

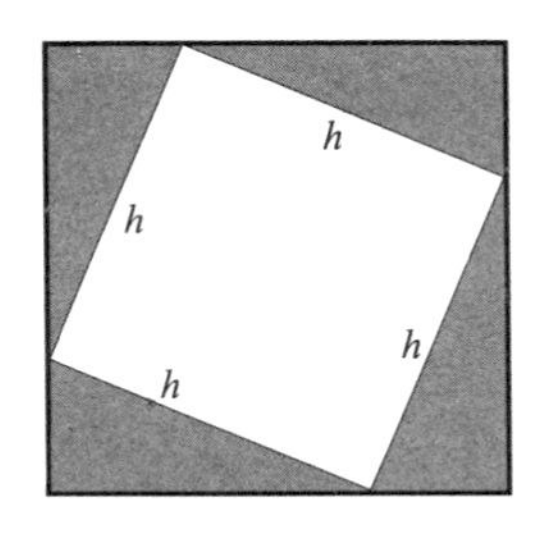

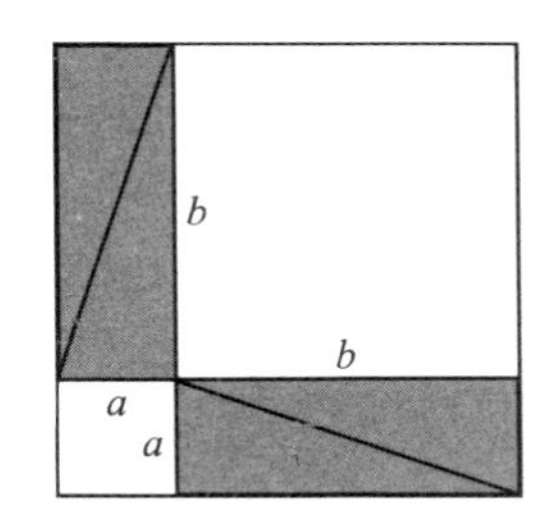

左图中间的正方形的面积是$h \times h = h^2$，而右图两个正方形的面积则是a^2和b^2。由于左图和右图两个最外面的大正方形面积相同，且4个三角形的大小没有变化，所以我们可以得到：

$$h^2 = a^2 + b^2$$

通过毕达哥拉斯定理，我们可以计算直角三角形的未知边长，请看下面的例子：

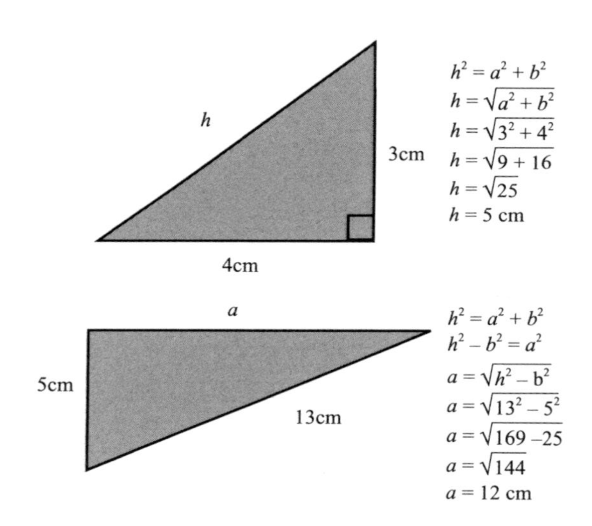

在这两个例子中，三角形的三个边都是整数。符合毕达哥拉斯定理的整数称为毕达哥拉斯三元组。其他的例子还包括7、24、25和8、15、17。

费马大定理

居住在埃及的希腊数学家丢番图（约210—约290）在其系列著作《算术》中，阐述了与毕达哥拉斯定理相似的方程式。皮埃尔·德·费马（Pierre de Fermat，1607—1665）

是一位法国律师，他喜欢在业余时间研究数学，他在《算术》这本书旁边写下了一则注释，说他有一项“了不起的发现”，即证明了方程式$x^n + y^n = z^n$只有在$n = 2$时才成立，解就是毕达哥拉斯三元组。一直以来，人们都未能证明它的正确，在大约400年后，英国数学家安德鲁·威尔斯（Andrew Wiles，生于1953年）才最终给出了完整的证明。他的这项证明也为模块化理论的证明铺平了道路，该定理已被《吉尼斯世界纪录大全》列为最不易证明的定理。而究竟费马是如何证明的，则无人知晓。

为什么毕达哥拉斯定理如此重要呢？原来，斜边的计算对于确定坐标几何中两点之间的距离很有帮助。

从A到B

笛卡儿坐标系可以用来描述位置、线条和形状。想象一下，如果我有两点：A（1, 2）和B（5, 5），如图所示：

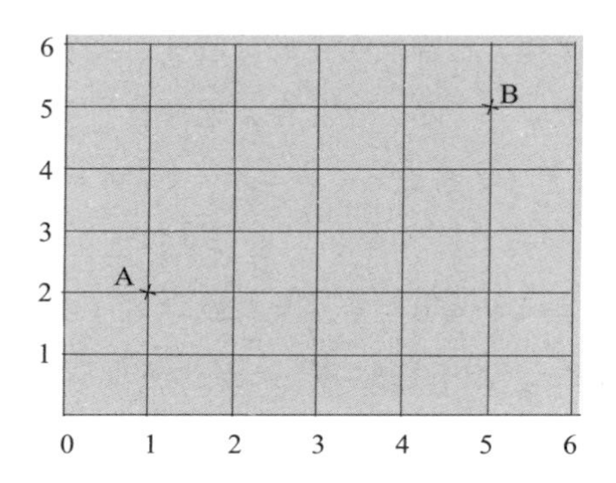

我怎样才能确定这些点的准确距离呢？我们可以通过这些点做一个直角三角形：

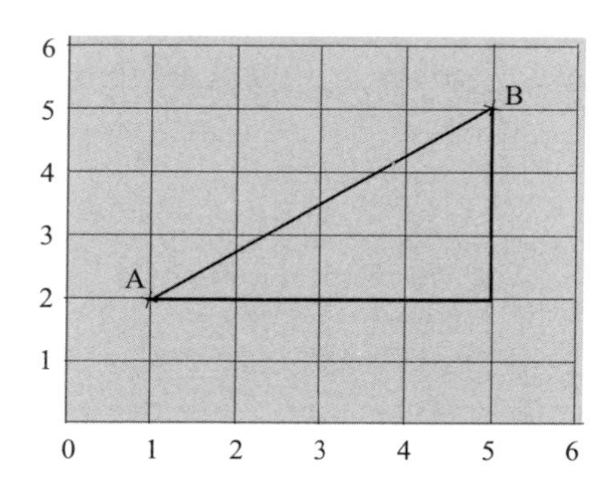

我可以看到三角形的底边是4，高是3。这与本章开始的三角形相同，所以我们知道AB的距离一定是5。毕达哥

拉斯定理也适用于三维实体。假设我有一个宽x、长y和高z的盒子，我想算出它的对角线长度，就可以用毕达哥拉斯定理计算两次并求解。

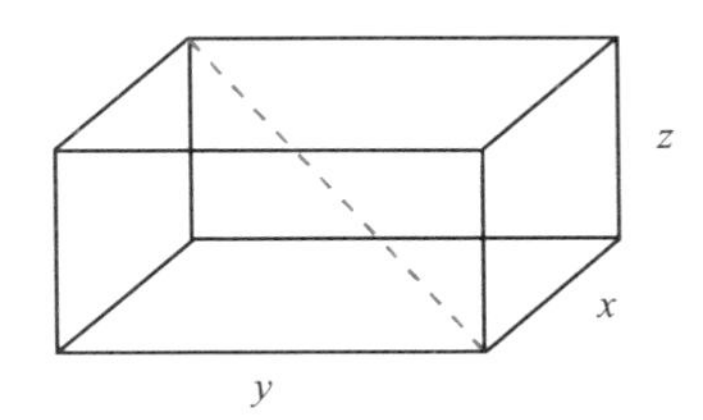

我先做一个直角三角形：

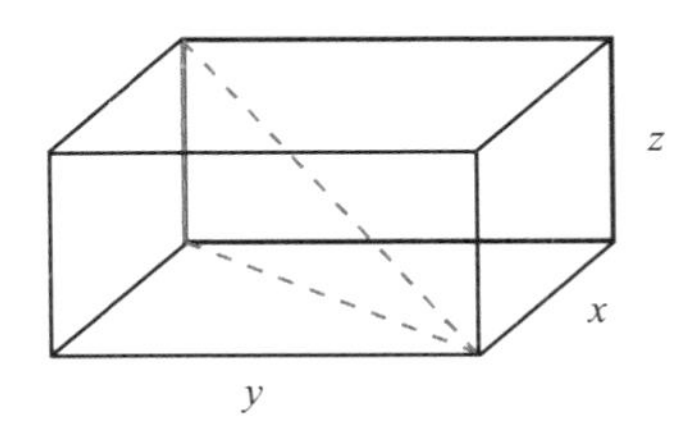

我要求的是三角形的斜边。我知道三角形的高度是z，可是不知道底边。但是，如果看一下构成盒子底部的矩形，就可以用毕达哥拉斯定理求出这条边了：

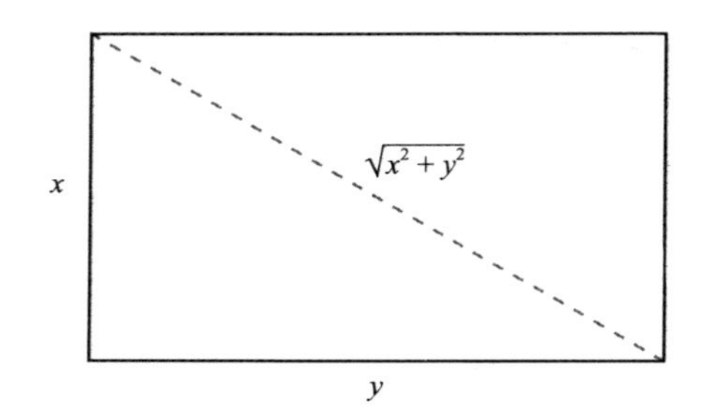

现在我已经知道了三角形的底边和高，可以计算出对角线的长度，我用d来表示：

$$d^2=(\sqrt{x^2+y^2})^2+z^2$$

这个式子看起来有点儿吓人，但我们可以回忆一下，平方和平方根其实是彼此相反的计算过程，所以它们可以相互抵消，最后求得：

$$d^2=x^2+y^2+z^2$$

我们在这里只用了一般条件，就推导出了毕达哥拉斯定理在三维上的公式。许多数学家和科学家都在其工作中用到了三个以上的维度，可以根据需要将毕达哥拉斯定理扩展到尽可能多的维度。量子理论的最新研究表明，我们生活在一个十一维的宇宙中，但我们这里就只考虑三个维度好了！

毕达哥拉斯——人与神话

毕达哥拉斯是一位杰出的数学家和哲学家，但他留下来的文字并不多。我们对毕达哥拉斯生平的了解都来自后来的资料，其中许多资料都带有非常神秘的色彩，还给毕达哥拉斯赋予了超能力。仔细阅读这些资料，我们会发现毕达哥拉斯是一位希腊人，他居住在意大利南部，那里当时也是希腊帝国的一部分。他创立了一个以其名字命名的哲学学派，融合了数学、科学、宗教和政治等多个学科。这个学派由两部分组成：教师（mathematikoi）和听众（akoustikoi）。他们在当时提出了一些激进的想法：女性应该和男性地位平等；严格的饮食可以促进身心健康；数字和形状都是神圣的……他们还笃信数字学，相信与某人有关的数字，比如出生地点、日期或名字可以影响这个人的生活。

毕达哥拉斯学派奉行清教徒的生活方式，深居简出，他们的政治立场使其遭受排挤。毕达哥拉斯和他的追随者的居所曾数次被烧毁，被迫逃往别处。

毕达哥拉斯之死和他的生平细节一样，扑朔迷离。一些历史学家认为，他所在的寺庙遭到封锁和烧毁，他也死于其中。但也有人认为他逃脱了，最后是饿死的。还有一些说法是，他逃跑时因拒绝越过一片豆田而惨遭捕杀。

但是无论如何，毕达哥拉斯和他的学派对西方哲学的形成都有着深刻的影响。

第 20 章　体积

物体的体积是指它在三个维度上占据或包围的空间。任何具有直边的固体被称为多面体。长方体是一种最简单的多面体，它的体积等于长度、宽度和高度的乘积。此外，我们还可以用长方体的底面积乘以高度来求解体积。

棱柱体和球体

我们可以将这个原理扩展到截面恒定的任何形状。这种形状被称为棱柱体：

棱柱体体积＝面积 × 长度

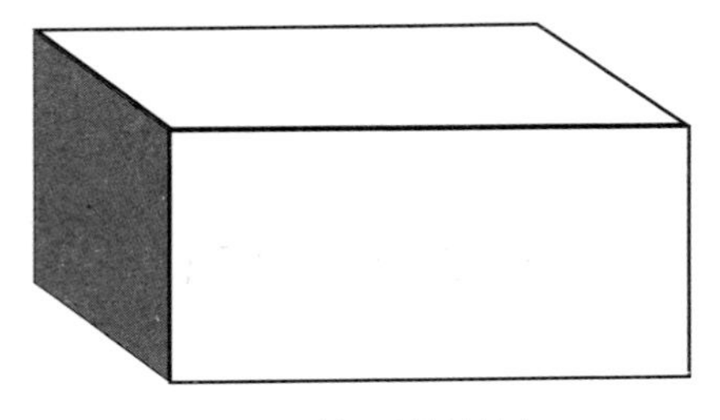

长方体（矩形棱柱体）

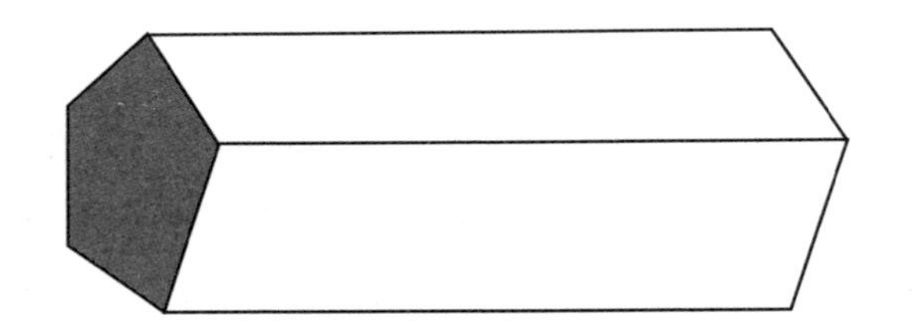

多边形棱柱体

对于这两个棱柱体，我们可以通过计算阴影部分面积再乘以棱柱体的长度来求得体积。我们在前文中知道了面积的求法，所以棱柱体体积的计算不算难事。

当涉及曲线形的物体时，我们可以参考第18章的内容。阿基米德算出一个球体的体积是将它完全包住的圆柱体体积的$\frac{2}{3}$：

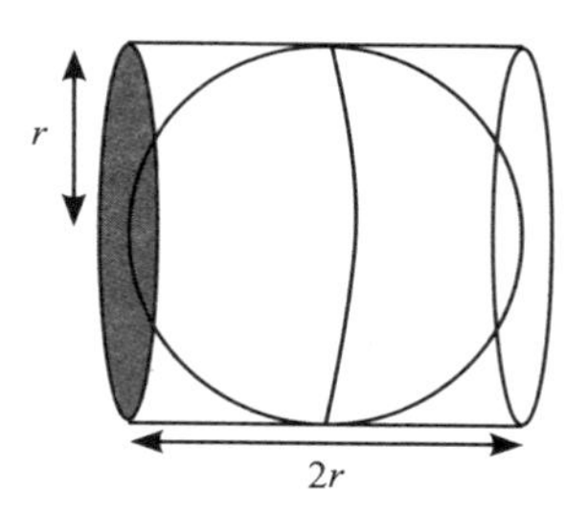

我们可以把圆柱体当作棱柱体。阴影部分的面积是πr^2，把它与棱柱体的长度，即$2r$相乘，即可得：

$$圆柱体体积=\pi r^2 \times 2r = 2\pi r^3$$

为了求出球体的体积，我需要把上面的计算结果乘以$\frac{2}{3}$：

$$球体体积 = \frac{2}{3} \times 2\pi r^3 = \frac{4}{3}\pi r^3$$

金字塔

将一个平面的各个端点向上连接，汇聚到同一个点上所形成的形状就称为金字塔。例如，我们可以先从六边形开始，绘出六边形的金字塔。

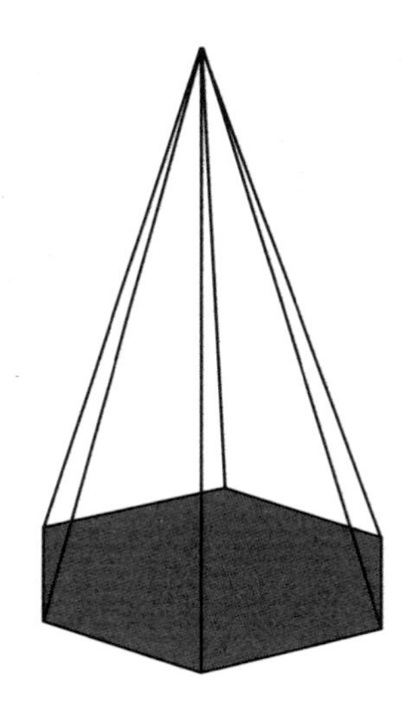

如果从一个等边三角形出发，可以得到一个三角形的金字塔，也称为四面体：

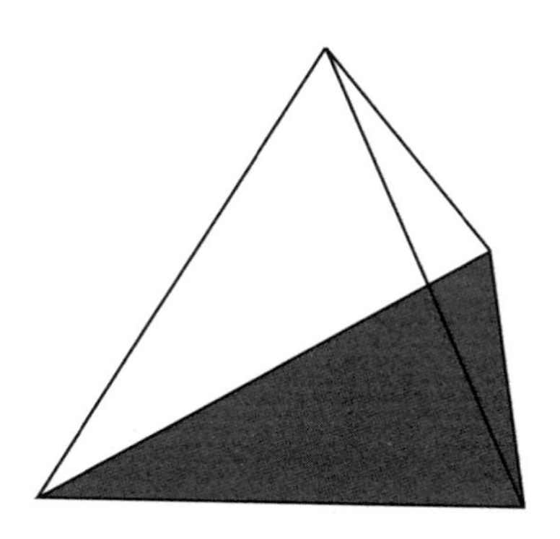

与球体一样，金字塔的体积与将其包围的棱柱体体积之间也存在类似的关系：

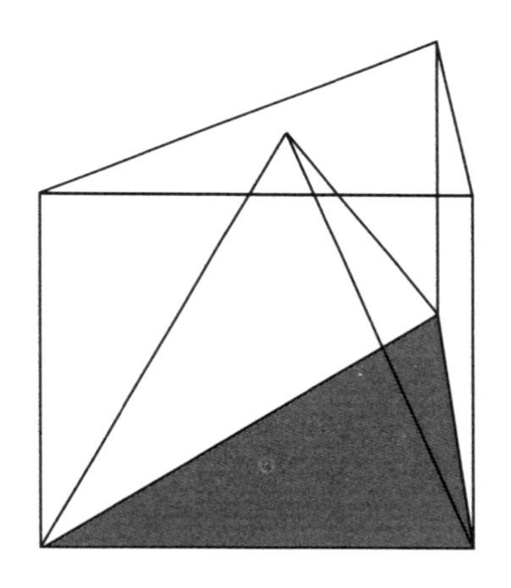

阿耶波多最先发现金字塔的体积是棱柱体体积的$\frac{1}{3}$。金字塔的体积$=\frac{1}{3}\times$面积$\times$长度。在这里，金字塔以棱柱体的一个面作为底面，长度就是高度，所以我们可以把公式改写为：

$$金字塔体积=\frac{1}{3}\times 底面积\times 高度$$

埃及的吉萨金字塔就是方形金字塔，其中最大的一座被称为大金字塔，它的体积也的确巨大。它的底面各边长度为230米，第一次建造时就有147米高，把已知数据代入体积的计算公式就可以算出：

$$
\begin{aligned}
\text{大金字塔体积} &= \frac{1}{3} \times \text{底面积} \times \text{高度} \\
&= \frac{1}{3} \times 230^2 \times 147 \\
&= 2\ 592\ 100\ \text{m}^3
\end{aligned}
$$

我们不妨对比一下，目前世界上最高的建筑哈利法塔（Burj Khalifa）的体积大约为160万立方米。考虑到大金字塔比哈利法塔早4 500年建成，而且不是用机器建造，毫无疑问，其规模可谓令人叹为观止。

阿基米德与王冠

当我们要计算不太规则的物体体积时，有几种方法供选择。我们可以将不规则物体分割成已知形状的组合，也可以利用阿基米德原理来计算体积。传说，阿基米德曾受命鉴定锡拉丘兹国王委托打造的王冠是否是用他赐予的全部黄金制造的。国王担心一些黄金被换成了铅或银，这样珠宝商就可以从中得到好处，而王冠的重量则保持不变。

最简单的方法就是将王冠熔化，并将它的体积与所提供的黄金体积进行比较。然而，阿基米德是被禁止以任何方式伤害王冠的。

阿基米德辛苦地工作了一天之后，在浴缸里洗了个澡，这时他意识到自己的身体代替了水。因此，他可以通过观察变化的水量来计算王冠的体积。他高兴地跑到街上喊："尤里卡！"（希腊语，意思是：我找到了！）却因过度兴奋，而忘了穿上衣服。

他在第二天做了一个实验，证明珠宝商确实做了手脚。

第五部分
统　计

第 21 章　平均数

统计学家也是数学家，他们通过收集和分析原始信息，总结出统计数据来，然后根据统计数据得出结论。我们生活的方方面面都依赖于统计数据，从衣服的尺寸到汽车的保险费用，再到生病时医生开具的处方等。

无论你是计算还是分析统计数据，都必须知道数据来自群体还是样本。

群体是指某个集合的所有成员。例如，如果我要研究成年北极燕鸥的翼展，那么这里的群体就是指全部成年北极燕鸥。如果我能测量所有成年北极燕鸥的翼展，我就能计算出关于这个群体的真实统计数字。

但在现实生活中，你不可能去测量每一只成年北极燕鸥，所以我会选取一个样本，并且希望样本的统计结果与群体的统计结果相似。所以，采样的方法就变得很重要，因为要避免任何偏颇。例如，如果我选取了从某个岛屿上捕获的所有燕鸥作为样本，那么有可能我的样本中的所有燕鸥都是以某种方式相关联的，这可能会影响它们的翼展。其他岛屿同种群体的翼展，可能明显地比这个岛屿的统计结果长或短。

抽样方法五花八门，就看你打算花多少时间、精力和金钱了。遗憾的是，我们每天遇到的统计数据很少会与抽样方式一起公布。人们有时会故意使用错误的抽样方法，从而产生有偏见的统计数据。英国前首相本杰明·迪斯雷利（Benjamin Disraeli，1804—1881）曾说过一句名言：“有三种谎言：谎言、糟糕透顶的谎言和统计数据。”

最常用的一种统计数据是平均数。

平均数通常基于这样的假设，即数据值向中心区域集中，统计学家称为中心趋势。举例来说，英国女性的身高大多不会明显偏离164厘米这个平均身高数值。平均数就是当把所有数据加起来，除以数据总数后得到的值。实际上，我们所分享的数据是样本所属集合元素的平均数。例如，我想计算我的五人制足球队队员的平均身高。首先，我测量了大家的身高（单位：厘米）：

167, 168, 175, 184, 191

五人的身高总和是：167+168+175+184+191=885厘米。

将数据除以5得到：885 ÷ 5 = 177厘米。

请注意，团队中没有哪个人的身高是177厘米，由此可见，平均数不见得是最合适的值。有一段时间，英国每个家庭平均有2.4个孩子，这个值曾经被嘲笑，因为孩子的数量应该是整数，而不可能是小数。数值数据可以分为两类：连续数据，可以取给定范围内的任何值（如高度或重量）；离散数据，只能取该范围内的某些值，如儿童人数或鞋子尺寸。

中位值是将数字按顺序排列后位于中间的基准数值，我们可以按高度或重量（或其他标准）将样本排列，然后选择中间的值。对于我的足球队来说，中位值是175厘米。如果我们有替补队员，那么数据的个数是6，我们可以将第三个和第四个数据的平均数作为中位值。

对于不以数值形式呈现的数据来说，我们还可以用众数这个值来统计。这个数值衡量的不是中心趋势，而是所有数据中出现次数最多或最频繁的值。

平均值的含义非常好理解，但很多时候，我们还希望了解更多关于数据如何分布的信息。是不是所有值都趋近于平均值，还是说它刚好位于两组分散数据的中央？下文中，我会具体介绍相关的分析方法。

错误平均数示范

2012年，英国学校总督察长曾说过，英国$\frac{1}{5}$的小学生英语水平都没有达到全英平均水平，因此需要提高标准。

美国前总统德怀特·艾森豪威尔（Dwight Eisenhower，1890—1969）也犯过类似的错误。他对半数美国公民的智商低于平均水平表示非常震惊。

拜托，正确理解平均数，才能更好地提高标准！

第22章　离散

如果我想给一组数学考试成绩做标记，那么我通常会计算平均分数。这个值可以表明这个班的平均成绩如何，学生们也经常想知道他们的成绩相比于平均成绩如何。如果平均分数是75分（百分制），那可能意味着大多数学生要么略低于75分，要么略高于75分——他们的分数集中在75分左右。这也说明我的学生的能力比较相似，我的教学效果也比较平均。当然，数据也可以比这个更分散。一些分数很低的学生可以用高分数的学生来平衡，从而产生同样的平均分数。那么，如何让领导无须仔细检查所有分数就了解基本情况呢?

答案就是计算出数据离散的量度。下面介绍几个值，按从简单到复杂的顺序排列。

极差

最简单的方法就是计算出极差：用最高分减去最低分。如果分数的极差是20，这就意味着考试的分数从约65分扩散到约85分。极差越大，数据的离散程度就越广。

由于极差只需用最高值和最低值就可以算出，所以它可能错误反映了数据的分布。如果其中一个学生得了20分，而其余的学生都在平均分的10%以内，那么极差就会看起来很大，且不能很好地反映数据的真实情况，因为20分可能是一个离群值（详情见下文）。

四分位距

为了避免上面这个问题，我们可以使用四分位距，它可以显示中间50%的数据的分布。要做到这一点，我需要计算四分位数。中位数是指中间的数据，从数据开始第50%的数，即位于考试数据中心的值。如果查看数据的下半部分并找到这些数据的中位值，就可以得到第25%的数，它被称为下四分位数。对数据的上半部分进行类似的处理，则可以得出上四分位数，即第75%的数。因此，四分位距是指上四分位数减去下四分位数。

下面的盒须图（也叫箱形图）描述了两组六年级中学生的数学考试情况：

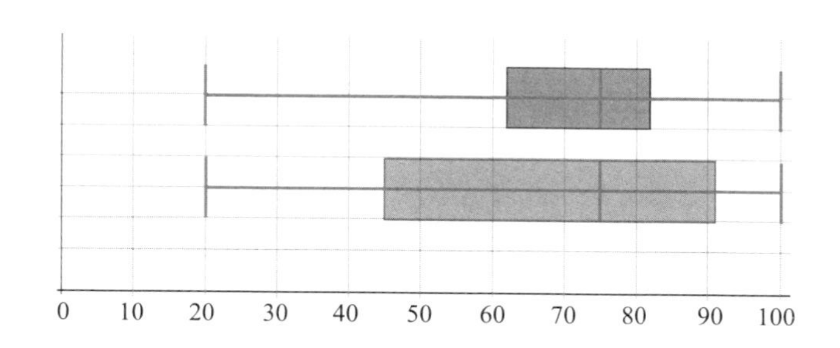

每个盒须图都有5条垂直的线。位于两端的两条线分别是最大值和最小值，这两条线生成了“须”。中间的三条线是下四分位数、中位数和上四分位数，这几条线形成了“盒”。

“盒”显示了得分的中间值（50%），而“须”可以显示剩余数值的分布。从这些图中可以看出，这两组数据的极差是100 – 20 = 80。上一组数据的四分位距为82 – 62 = 20，所以有一半的学生得分在彼此的20%以内。

下一组的数据具有相同的极差（如须形所示）和相同

的中位数，但是从盒子部分可以看出，这组数的四分位距要大得多（91 − 45 = 46）。由此，我可以推断出，第二组学生的表现差异要比第一组学生更大，虽然两组的平均表现是相同的。

标准差

标准差衡量的是数据集的离散程度。它虽不是距离平均数的平均距离（称为平均绝对偏差），但是它也有一些非常有用的特性，我们将在后面讨论。

为了计算标准差，我们把每个数都减去平均数。当这个数小于平均数时，我们就会得到负值，但我们关心的是距离平均数的均值，与它是正值或负值无关。为了解决这个问题，我们把所有的数取平方，因为负数在平方后将变为正数。

我们把所有的平方值加在一起，除以数据的总数，然后取平方根来补偿之前的平方，就得出了标准差。举例如下：

代数考试成绩

平均分 = 57.45

学生总数 = 11

分数	分数–平均分	（分数–平均分）^{2}
74	16.55	273.902 5
44	–13.45	180.902 5
45	–12.45	155.002 5
42	–15.45	238.702 5
45	–12.45	155.002 5
76	18.55	344.102 5
79	21.55	464.402 5
40	–17.45	304.502 5
38	–19.45	378.302 5
83	25.55	652.802 5
66	8.55	73.102 5
	加总	3 220.727 5

$$标准差 = \sqrt{\frac{3\,220.727\,5}{11}}$$

$= 17.11$（保留两位小数）

结果说明，我的学生的分数很分散，不是很一致。不同组的数据可能具有相同的平均数和极差，但如果标准差较小，就意味着分数更向平均数靠拢。

离群值

离群值是指与其他数据不匹配，看起来过低或过高的数值。对于离群值的判定，有时有些随意：如果你认为一个数是离群值，它就是离群值：

> 高于平均数两个以上标准差
>
> 低于平均数两个以上标准差
>
> 在上四分位数以上，高于1.5个四分位距
>
> 或在下四分位数以下，低于1.5个四分位距

例如，2001年奥地利妇女的平均身高为167.6厘米，标准差为5.6厘米。上限为167.6 +（2 × 5.6）= 178.8厘米，因此任意一位高于此身高的奥地利妇女都会被归为异常高。下限为167.6 –（2 × 5.6）= 156.4厘米，因此任意一位低于此身高的奥地利妇女都会被认为是异常低。

当科学家从观测和实验中收集数据时，他们要对离群值非常小心了。离群值是真的吗？它应该被保存在数据集中，还是应该删除掉？科学家经常会重复实验多次，因为这样可以降低离群值对所产生的统计数据的影响。

20世纪70年代，美国国家航空航天局的航空器会定期测量上层大气中臭氧的含量。但在南极上空飞行时，经常会产生非常低的读数，分析软件将其判别为离群值。这使得直到10年后，在南极洲工作的科学家才发现了臭氧层空洞。臭氧层可以阻止太阳发出的大部分有害的紫外线辐射到达地表，因此对地球上的生命至关重要。幸好，随后发布了氯氟烃（它可以破坏臭氧层）的禁令，目前臭氧层正在慢慢修复，但要完全填满这个洞还需要几十年的时间。

离群值可能是真的，也可能是个错误值。无论是哪种，我们都需要仔细地调查。

第23章　正态分布

有时，我们把收集来的数据整理后，会发现这些数据可以绘成一条钟形曲线。例如，如果我将一颗苹果树上结的所有果实的重量测量一下，我可能会得到下面这条曲线：

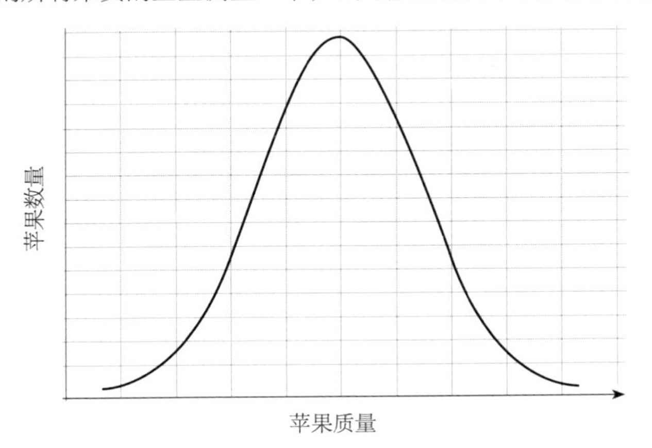

正如我们所预期的，大多数苹果接近中心的值（平均数），离平均数越远，我们发现，相应的苹果数量越少。

这种曲线很常见，所以它被称为正态分布也在情理之中。但真正的原因是，统计学家在其中使用了规范化的模式，也就是说它的平均数为0，标准差为1，并以此为基础来统计数据。它可以用来计算实际人口数高于给定值的百分之几。因此，标准差可以用于计算常见的分布数据。

在正态分布中，68%的数据在平均数的一个标准差之内，95%的数据在两个标准差之内，99.7%的数据在三个标准差之内。大型强子对撞机的科学家在2013年宣布，他们发现了希格斯玻色子，并提及了“5西格玛”。西格玛是用来表示标准差的希腊字母，5西格玛的意思是，在不考虑新粒子的情况下，它们的数据偶然出现的概率是偏离平均值5个标准差，这个概率约为0.000 000 3。

正态分布在很多地方都可以帮助我们。比如，在人体测量学这门测量人体的科学中，设计者会利用人体测量的正态分布数据来决定产品的尺寸，这些产品包括衣服、家具、技术、火车、飞机和建筑物等。人们可以计算出有多少人适合中等尺寸的T恤衫，或入舱口设计成多大合适。

智商——如何给数学家排名？

IQ（智商）是一个有争议的智力估量标准。智商是很难准确测量的，不可能用一个10分钟的在线测试就完成。人口的智商多呈正态分布，平均数为100（“平均智力”），标准差为15。门萨高智商俱乐部声称它的成员在智商测试中都达到前2%的水平，相当于135以上。

1926年，美国心理学家凯瑟琳·莫里斯·考克斯（Catharine Morris Cox，1890—1984）发布了一项非常有趣的研究，其中一些是评估历史上各种杰出“天才”的智商。

她的榜单中排名第一的是德国全才约翰·冯·歌德（1749—1832），他在哲学、政治、科学和文学等领域都做出了巨大的贡献，智商估计为188；莱布尼茨的智商是183，位居第二位；法国人皮埃尔–西蒙·拉普拉斯（1749—1827）和英国人艾萨克·牛顿的智商均为168，并列第三位。

当代澳大利亚数学家、曾荣膺菲尔兹奖的陶哲轩（Terence Tao，生于1975年）智商超过200。

如果你感到有些自卑，没关系，因为你要知道，随着时间的流逝，人类的智商似乎越来越高。

第 24 章　相关性

统计学除了可以总结数据外，还可以用来寻找数据之间的关系。用一个群体或样本中的两类数据作图，可以表示这两类数据的对照关系。下面是一个健身房中人的身高与体重的分布图：

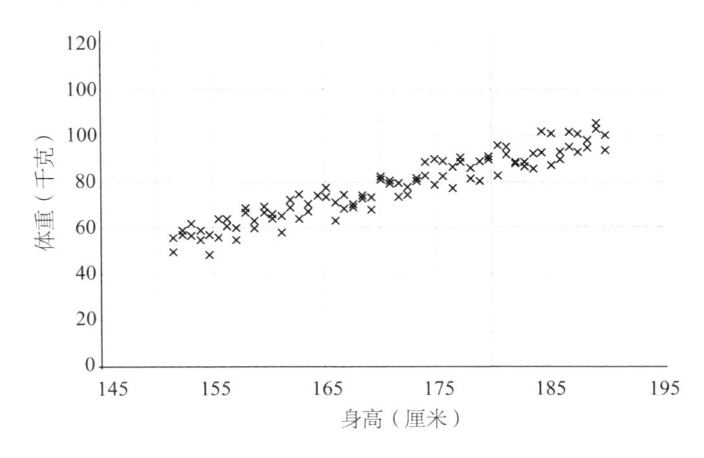

我们可以看到，总的趋势是：人越高，体重越重。这和我们所预期的一样——高个子的体重比矮个子的要重。当然，还受到不同的体格和体型因素的制约。统计学家认为这是一种很强的正相关关系，因为图上的点接近直线，并且斜率是正的，两个变量会使彼此增加。

下面是一个弱负相关实例：

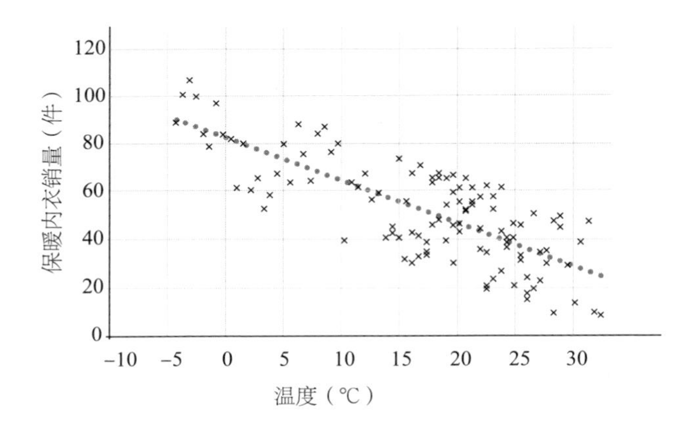

这种相关性是负的。根据该图，随着温度的升高，保暖内衣的销售量会下降。但是，趋势不太明显，因为点的分布虽然呈现一种趋势，但并不都靠近中间的那条线。这条线被称为最佳拟合线，总有无数多个点无限逼近这条线。

英国人弗朗西斯·高尔顿（Francis Galton，1822—1911）不仅提出了标准差的概念，而且是首个考虑了相关性并试图计算相关性的人。他痴迷于测量实例和收集数据，尤其对人体测量学感兴趣，因为他是一个狂热的优生学家。他认为应该有选择地繁殖人类，以改善健康和智力，并根除残疾和其他“不良”特征。他的研究被他的同胞卡尔·皮尔逊（Karl Pearson，1857—1936）继承，皮尔逊发现了一种计算相关性的数学方法（称为皮尔逊积矩相关系数），并画出了最佳拟合的完美直线。皮尔逊积矩相关系数从–1开始，表示一种完全负相关的关系，通过0（根本没有相关性）再到1，表示完全正相关关系。皮尔逊系数仅适用于呈线性直线关系的分布图。查尔斯·斯皮尔曼（Charles Spearman，1863—1945）另辟蹊径，通过对数据排序和将数据分级来找出相关性，而不是使用实际的数字本身。于是诞生了斯皮尔曼等级相关系数，从此以后，没有哪两次的初中地理课成绩是相同的了。下面的图显示了一些数据的分布图，这些数据显然有关系，但不是线性的。如果把数据排序并绘图，就会在第二个图中显示出更明显的线性关系。

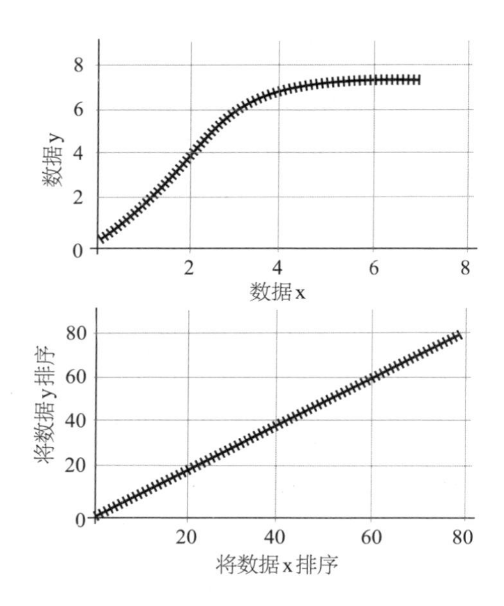

相关性不等于因果关系

两个事物具有相关性并不是说其中一个会引发另一个。个子越高，体重就越重，但体重值升高并不会让你的身高增长。冰激凌的销售和溺水之间有相关性，但是冰激凌并不会让人溺水。炎热的天气使得想吃冰激凌和想去游泳的人增加，令人遗憾的是，溺水的次数也随之增加了。

美国有一个很好的网站——泰勒·维根网站（tylervigen.com），列出了所有虚假的相关性。我最喜欢的例子见下图：

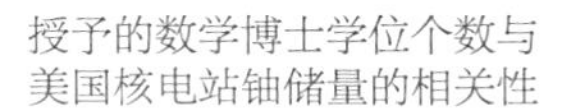

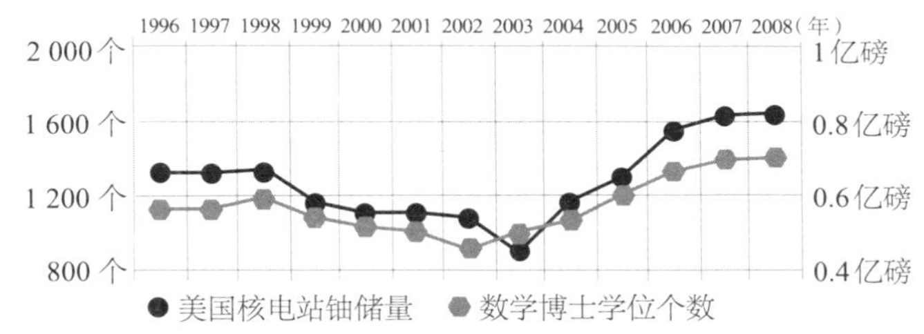

这是一个很好的例子，从表面上，你似乎看到了相关性。但很显然，美国核电站的铀储量是不会使数学博士数量增加的。

第六部分
概　率

第25章　可能性

我们总是会考虑概率的问题。几乎任何活动都存在某种程度的风险，而风险只是概率的另一种险恶的叫法。概率游戏非常流行。55%的英国人都曾赌博，不管是在赌场下赌注，玩彩票、网上扑克，还是在水果机上押注。

概率

在数学家看来，结果指的是某事发生的后果。例如，如果我正常掷色子，有6种可能的结果。如果一次掷两个色子并且计算数字之和，就有11种可能的结果（2~12）。

每一个结果都有一定的可能性。概率的范围在0（不可能）和1（确定）之间，也就是说概率可以显示为分数、小数或百分数。超过$\frac{1}{2}$的概率可以称为有希望或可能。当概率低于$\frac{1}{2}$时，即表示不太可能或不可能。如果概率是$\frac{1}{2}$（或50%），就说明这两种结果的概率均等。

事件是指你想要计算出概率值的结果（或一组结果）。例如，如果我再次掷色子，得到数字6就是一个事件。一些事件是互相排斥的，这意味着它们不可能同时发生。例如，如果我从一套卡片中随机选择一张，我就不可能既选择一张方块又选择一张红心。两者是相互排斥的。但是，我可以选择一个方块和一位国王。这两者并不相斥，因为我可能抽到了一张方块K。

我们在计算概率时，经常会遇到一些假设。例如，我们通常假设掷出的色子公平或不偏不倚，也就是说出现每个结果的概率相等。我们还假设事件链是独立的。如果我掷色子得到一个6，它不会影响下一次掷色子的结果。

计算概率的神奇公式是：

$$P（发生事件）=\frac{成功结果数}{结果总数}$$

P（发生事件）是概率的简写。如果我想计算掷色子可以获得平方数的概率，我知道在6种可能的结果（1, 2, 3, 4, 5, 6）中，有两个（1和4）平方数是正确的结果。我可以这样写：

$$P(\text{掷色子获得平方数})=\frac{2}{6}=\frac{1}{3}$$

我在最后把这个计算分式化简到了最简单的形式。现在我知道了掷色子获得平方数的概率，我可以利用已经计算出的概率P（掷色子获得平方数），来求出掷色子获得的非平方数的概率。

$$\begin{aligned}P(\text{掷色子获得非平方数})&=1-P(\text{掷色子获得平方数})\\&=1-\frac{1}{3}\\&=\frac{2}{3}\end{aligned}$$

17世纪50年代，数学家皮埃尔·德·费马和布莱兹·帕斯卡开始从数学的角度考虑概率。一个职业赌徒曾向费马求教，下面哪一种概率更高：

- 掷4次色子至少出现一次6。
- 每次掷两个色子，共掷24次，至少出现一次两个6。

凭直觉来判断，上述两情况，应该后者的发生概率更高，因为掷色子的次数比前者多。下面让我们逐个看看。

掷 4 次色子至少出现一次 6

当我重复一个事件时，每个事件可能出现的结果会增加。掷硬币有两种结果，但投两次有4种结果：正正、正反、反正、反反。如果我投了三次硬币，就会有$2 \times 2 \times 2 = 8$种可能的结果。同理，掷4次色子将有$6 \times 6 \times 6 \times 6 = 1\ 296$种可能的结果。但是什么样的结果算是成功的呢？如果出现一个6、两个6、三个6以及四个6，都是有效的结果，我们可以据此计算出不同的组合。

真正有用的关键词是“至少出现一次”，也就是说“非零”。我们在上面看到，某事件未发生的概率是用1减去该事件发生的概率。所以：

$$P(\text{至少出现一次}6) = 1 - P(\text{未出现一次}6)$$

掷色子不出现6的方法有5种，所以如果掷4次色子，不出现6的结果共有$5 \times 5 \times 5 \times 5 = 625$种，即：

$$P(\text{至少出现一次6}) = 1 - P(\text{未出现一次6})$$
$$= 1 - \frac{625}{1\ 296} = \frac{671}{1\ 296}$$

掷4次色子至少出现过一次6的概率为51.8%。

每次掷两个色子，共掷24次，至少出现一次两个6

一次掷两个色子并计算和是很多游戏的支柱。由于某次掷色子得数的概率比较抽象，所以我做了一张表格，这样更直观些。所有的结果都可以显示出来：

+	1	2	3	4	5	6
1	2	3	4	5	6	7
2	3	4	5	6	7	8
3	4	5	6	7	8	9
4	5	6	7	8	9	10
5	6	7	8	9	10	11
6	7	8	9	10	11	12

这个表被称为概率空间图。我们可以看到有36个概率相等的结果。7出现得最多，因为它的组合个数最多。两个6（共12）只出现了一次，所以它的发生概率是$\frac{1}{36}$。

与前面的例子非常相似，“至少出现一次”的意思是

“非零”，所以我们可以看一下在24次掷投中不产生两个6的概率。如果出现两个6的概率是 $\frac{1}{136}$，那么不出现的概率就一定是 $\frac{35}{36}$，因为 $\frac{1}{36}+\frac{35}{36}=1$。

$$\begin{aligned} P（至少出现一次两个6）&= 1-P（未出现两个6）\\ &= 1-(\frac{35}{36})^{24} \\ &= 0.491（保留三位小数）\end{aligned}$$

所以，在24次投掷中至少出现一次两个6的概率是49.1%。可见，对第一种情况下注是明智的，但不要下太多。这种与预期相反的结果给赌徒敲响了警钟，想赢可没那么容易。

太巧了

生日问题最初是由乌克兰工程师李察·冯·米塞斯（Richard Von Mises，1883—1953）提出的。概率问题往往会产生反直觉的结果，这里也不例外。你去一个咖啡厅，除非里面有几百人，否则似乎找不到生日相同的两个人，因为一年有365天。然而，由于我们所考虑的人数目非常大，所以实际的计算结果显示，如果只有23人出席，其中任意两人的生日是同一天的概率达到50%。如果有70个人，这个概率就会上升到99.9%。

第26章　组合与排列

在我的数学班里，有24位同样聪明的学生。我要从他们中选出4个来参加数学竞赛，这个决定很难做出，于是我打算随机选择。那么，有多少种可能的组合呢？

这就要看是否与选择的顺序有关了。例如，我们规定第一个人作为队长，第二个人操作计算器，第三个人做记录，第四个人总结，那么顺序就很重要。

如果我从一个帽子里选择名字，在选第一名队员时，有24种可能性，选第二名成员时有23种可能性，后面以此类推，那么可以得到：

$$24 \times 23 \times 22 \times 21 = 255\ 024$$

所以，我一共有255 024种排列组合，如下式：

$$24\times 23\times 22\times 21=\frac{24\times 23\times 22\times 21\times 20\times 19\times 18\times 17\times 16\times 15\times 14\times 13\times 12\times 11\times 10\times 9\times 8\times 7\times 6\times 5\times 4\times 3\times 2\times 1}{20\times 19\times 18\times 17\times 16\times 15\times 14\times 13\times 12\times 11\times 10\times 9\times 8\times 7\times 6\times 5\times 4\times 3\times 2\times 1}$$

为什么要这样写？如果我使用阶乘符号，那么式子就可以简化，计算起来也就更方便了：

$$24\times 23\times 22\times 21=\frac{24!}{20!}$$

一般来说，如果从n件物品中选出k个物品，排列种类数共有：

$$\text{排列数}=\frac{n!}{(n-k)!}$$

所以，如果我要选出6个人的团队，那么$n=24$，$k=6$：

$$\text{可能的团队数}=\frac{24!}{(24-6)!}=\frac{24!}{18!}=96\ 909\ 120$$

在抽出的4人学生团队组合中，有一些是重复的，只是排列的顺序不同而已。如果顺序无关紧要，就只能算一种组合——艾米、比利、卡拉和丹这支队伍，与丹、卡拉、比利和艾米算作相同的队伍。那么对于4人的团队，可以有$4\times3\times2\times1=4!$种不同的组合，所以我把排列数除以这个数就能得到组合数：

$$组合数=\frac{24!}{20!\,4!}=10\ 626$$

所以，一般来说，如果忽略顺序，从n中选择k，就会有：

$$组合数=\frac{n!}{(n-k)!\,k!}$$

所以，如果我要选出6人团队，而不考虑顺序，则有：

$$可能的团队数=\frac{24!}{(24-6)!\,6!}=\frac{24!}{18!\,6!}=134\ 596$$

如果你仔细阅读了上面的内容，你将发现组合锁的叫法不是很准确——因为顺序是要考虑的因素，所以严格来讲，应该将它们称为排列锁。

排列和组合可以帮助我们解决概率问题。如果你购买英国国家彩票，你需要在1~49这些数字中选择6个数字。

只有随机抽取的所有6个数字都匹配，才能赢得最高奖。彩票中的顺序并不重要，所以组合才是关键。

$$\text{可能的6个数字组合数} = \frac{49!}{(49-6)!\,6!} = \frac{49!}{43!\,6!} = 13\,983\,816$$

所以，一共约有1 400万种可能的组合，而你赢得最高奖的机会也是1 400万分之一。这可真是希望渺茫!

第27章　相对频率

在前面的例子中，我们把所有可能的结果计算出来，并用相关理论计算了概率。然而，在许多情况下，这是不可能做到的。如果你问我今天喝咖啡的概率是多少，我可以告诉你，我喝咖啡的概率很高，甚至可以估算出一个数字。但是如果不事先收集一些数据，我是无法用数学方法计算出来的。

我可以把咖啡日记保存一周，然后用它来计算概率。比如，第一周我在7天内喝了5杯咖啡。根据这个记录可知，在任何一天我喝咖啡的概率是$\frac{5}{7}$。数学家称之为相对频率，表示它不是理论上推导的概率。我们必须假设每天喝咖啡的行为是独立的，我前一天喝了一杯咖啡，不会影响我今天喝咖啡的概率。

下一周我每天都喝了一杯咖啡。我现在的相对频率是：

$$相对频率 = \frac{5+7}{7+7} = \frac{12}{14} = \frac{6}{7}$$

总结起来就是，时间越久，相对频率就能越精确地代表我在任意一天喝咖啡的可能性。

为什么这个方法有用？因为，当赌徒计算赔率或准备下赌注时，他们通常要看最近的表现（情形），才能做决定。保险公司也是用类似的方法对客户进行分类，并确定投保风险。你越长时间不提出索赔，你提出索赔的相对频率就越低，因此客户对保险公司造成的风险就越小，缴纳的保费也就越低。

概率谬论

如果我掷一枚硬币，连续8次都是人头那面在上，许多人就会觉得这个世界出现了不明原因的失衡，他们开始认为下一次是反面的可能性会更大，而实际上硬币出现正反面的可能性是相同的。虽然连续8次人头朝上是不可能的（大约0.4%），但它的出现和其他连续投掷结果的概率也是相同的。

这就是赌徒谬论。1913年在蒙地卡罗大赌场发生了一起著名的事件。一个轮盘转动后，连续23次落在黑色区域中，这完全是偶然现象。事情一发生，消息便很快传开，人们在下一轮中把大笔资金押在红色区域中，因为人们认为这种情况更可能发生。

有些人在生孩子的时候也会犯同样的错误：人们会认为已经连续生了几个男孩，那么下一次更有可能生女孩，反之亦然。

检察官谬误错误地认为，在法庭案件中，事件发生的概率与被告有罪或无罪的概率在适当情况下是相同的。萨莉·克拉克（Sally Clark，1964—2007）是一名英国妇女，她被判谋杀了两个孩子，但两个孩子实际上都死于婴儿猝死综合征。发生这种情况的可能性被错误地计算为7 300万分之一，因为他们认为婴儿猝死综合征致死这个事件是独立的。但对于兄弟姐妹来说，它不是独立事件，因为可能有潜在的遗传因素在起作用。克拉克服了三年刑期之后才被改判为无罪。此外，还有许多类似的案件。

看来，统计数据出错是会产生非常严重的后果的。

后记

这本书为读者提供了6道盛宴。我希望读者可以意识到：数学与我们每个人都息息相关。

如果你有兴趣的话，还有很多教科书可以作为参考，而且互联网上也有很多优秀的免费资源。如果你想进一步拓展数学知识，无论是图书馆、书店，还是搜索引擎，都可以为你指点迷津。

如果你对本书的话题很感兴趣，请每天都来“享用”数学的美餐。数学能创造有序的世界，数学营造的良好氛围可以让世界变得更加美好。

我在本书的开头提到，由数学所产生的焦虑是可以传染的，而由数学所产生的自信也是如此。如果你已经获得自信，可以与周围的人分享这一真理：下决心花时间去阅读和学习，就可以提高对数学的理解力。

不要止步于此书，继续前行，不断品尝所有美味的数学甜点。做一个美食家，你不需要知道一顿饭是如何烹饪的，也不需要欣赏其中的技巧，只要美美地分享最后的佳肴就行了。

在数学的盛宴上，愿你胃口大开！